ATLAS OF THE BIRDS IN FUJIAN PROVINCE

福建省鸟纲图鉴【下卷】

福建省林业局　主编

海峡出版发行集团 | 福建科学技术出版社
THE STRAITS PUBLISHING & DISTRIBUTING GROUP | FUJIAN SCIENCE & TECHNOLOGY PUBLISHING HOUSE

《福建省鸟纲图鉴》编委会

主编单位：福建省林业局

主　　编：王智桢

副 主 编：王宜美

执行主编：刘伯锋　张　勇

执行副主编：郑丁团　王战宁　胡湘萍

编写人员：张丽烟　张冲宇　赖文胜　李丽婷　胡明芳　陈　炜　施明乐　廖小军　郭　宁　林葳菲　余　海　黄雅琼　游剑滢　李　莉

摄　　影：万　勇　王瑞卿　王臻祺　韦　铭　刘　辉　肖书平　吴群阵　张　闽　张　勇　陈　宁　陈向勇　陈秀兰　陈建全　陈跃生　林清贤　罗联周　郑丁团　郑　航　洪梓恩　徐克阳　凌继承　郭　宁　黄　海　黄雅琼　黄耀华　曹　垒　韩乐飞　廖金朋　潘标志　薛　琳

（按姓氏笔画排序）

部分供图：鸟网　视觉中国　华东自然

设计单位：海峡农业杂志社

目录

椋鸟科 Sturnidae

177 八哥 / *Acridotheres cristatellus*

178 家八哥 / *Acridotheres tristis*

179 丝光椋鸟 / *Spodiopsar sericeus*

180 灰椋鸟 / *Spodiopsar cineraceus*

181 黑领椋鸟 / *Gracupica nigricollis*

182 北椋鸟 / *Agropsar sturninus*

183 紫背椋鸟 / *Agropsar philippensis*

184 灰背椋鸟 / *Sturnia sinensis*

185 紫翅椋鸟 / *Sturnus vulgaris*

186 粉红椋鸟 / *Pastor roseus*

鸫科 Turdidae

187 橙头地鸫 / *Geokichla citrina*

188 白眉地鸫 / *Geokichla sibirica*

189 虎斑地鸫 / *Zoothera aurea*

190 灰背鸫 / *Turdus hortulorum*

191 黑胸鸫 / *Turdus dissimilis*

192 乌灰鸫 / *Turdus cardis*

193 灰翅鸫 / *Turdus boulboul*

194 乌鸫 / *Turdus mandarinus*

195 白眉鸫 / *Turdus obscurus*

196 白腹鸫 / *Turdus pallidus*

197 赤胸鸫 / *Turdus chrysolaus*

198 红尾斑鸫 / *Turdus naumanni*

199 斑鸫 / *Turdus eunomus*

200 宝兴歌鸫 / *Turdus mupinensis*

201 绿宽嘴鸫 / *Cochoa viridis*

鹟科 Muscicapidae

202 日本歌鸲 / *Larvivora akahige*

203 红尾歌鸲 / *Larvivora sibilans*

204 蓝歌鸲 / *Larvivora cyane*

205 红喉歌鸲 / *Calliope calliope*

206 蓝喉歌鸲 / *Luscinia svecica*

207 红胁蓝尾鸲 / *Tarsiger cyanurus*

红头咬鹃

Harpactes erythrocephalus

咬鹃目 咬鹃科

形态特征：体长约 33cm。雄鸟头部暗赤红色，背及两肩棕褐色，腰及尾上覆羽棕栗色，翼上密布白色虫蠹状细横纹，颏淡黑色，喉至胸由亮赤红色至暗赤红色，后者有一狭形或有中断的白色半环纹，下胸以下为赤红色至洋红色。雌鸟头、颈和胸纯为橄榄褐色，腹部为比雄鸟略淡的红色，翼上的白色虫蠹状纹转为淡棕色。虹膜淡黄色，嘴黑色，脚淡褐色。

生活习性：栖息于次生密林，单个或成对活动，树栖性。主食植物果实和昆虫。

保护级别：国家二级保护野生动物。

戴胜

Upupa epops

犀鸟目 戴胜科

形态特征：体长约 30cm。头、颈、胸淡棕栗色，具黑白端部的羽冠，上背和翼上小覆羽转为棕褐色，下背和肩羽黑褐色而杂以棕白色的羽端和羽缘，上、下背间有黑色、棕白色、黑褐色三道带斑及一道不完整的白色带斑，并连成的宽带向两侧围绕至翼弯下方，腰白色，尾羽黑色，嘴细长而下弯，跗跖短。

生活习性：单独或成对分散于山区或平原的开阔地，在地面觅食。主食昆虫。

栗喉蜂虎

Merops philippinus

佛法僧目 蜂虎科

形态特征：体长约 30cm。贯眼纹黑色，其下一狭形眉纹淡蓝绿色，自额至背及翅辉绿色，腰至尾亮绿蓝色，初、次级飞羽具淡黑色羽端，颏鲜黄色，喉鲜栗色，自胸以下浅黄绿至浅绿色。

生活习性：结群活动于较开阔的近水地带。主食昆虫。

保护级别：国家二级保护野生动物。

蓝喉蜂虎

Merops viridis

佛法僧目 蜂虎科

形态特征： 体长约 28cm。贯眼纹黑色，自额至背紫栗色，下背至尾下覆羽淡蓝色，中央尾羽深蓝色，肩羽及翅表面浓绿色光泽，颏和喉蓝色，胸有绿色光泽，向下渐淡而近白，尾下覆羽沾蓝。

生活习性： 栖息于丘陵或山地森林。主食昆虫。

保护级别： 国家二级保护野生动物。

三宝鸟

Eurystomus orientalis

佛法僧目 佛法僧科

形态特征： 体长约 30㎝。头黑褐色，上体橄榄蓝绿色，尾黑色，稍沾深蓝色，初级覆羽及初级飞羽黑色，颏及喉中央黑而沾蓝，下体余部、腋羽及翼下覆羽等蓝绿色，腹以下颜色渐淡。

生活习性： 栖息于山坡高大树木的顶枝上，特别是喜欢静立于光秃的枝头。主食昆虫。

赤翡翠

Halcyon coromanda

佛法僧目 翠鸟科

形态特征：体长约 25cm。上体棕赤色，腰中央和尾上覆羽基部中央翠蓝色，颏、喉白色，从嘴下延至后颈两侧为一粗的黄白色纹，前颈、胸、腹和尾下覆羽赤黄色，腹部较浅。

生活习性：生活在林间溪流附近，喜欢单独生活。主食鱼、螺和昆虫等。

白胸翡翠

Halcyon smyrnensis

佛法僧目 翠鸟科

形态特征： 体长约 27cm。头、后颈、上背棕赤色，下背、腰、尾上覆羽，尾、翼亮蓝色，初级飞羽端部黑褐色，中覆羽黑色，小覆羽棕赤色，颏、喉、前胸和胸部中央白色，眼下、耳羽、颈的两侧、胸侧、腹、尾下覆羽棕赤色。

生活习性： 栖息于平原和丘陵的树丛中或沼泽附近。主食昆虫、蟹、蛙、鱼和蜥蜴等。

保护级别： 国家二级保护野生动物。

蓝翡翠

Halcyon pileata

佛法僧目 翠鸟科

形态特征：体长约 30cm。头黑色，具白色领环，背、腰、尾上覆羽，尾蓝色，翼蓝色，初级飞羽端部和次级覆羽黑色，飞时可见两个大黑斑，颏、喉和前胸白色，后胸、腹和尾下覆羽栗棕色。

生活习性：栖息在开阔平原和山麓地带的沼泽、池塘及多树的溪流旁，也常停息在电线上。主食鱼和蛙等。

白领翡翠

Todirhamphus chloris

佛法僧目 翠鸟科

形态特征：体长约 24cm。成鸟上体、翼和尾蓝色，眉、眼下具白色斑点，宽阔的颈领和下体白色，上嘴和下嘴尖端黑色，下嘴基部肉色。

生活习性：栖息于海岸边，偶然至内地。主食蟹，也食鱼、昆虫和蜥蜴。

普通翠鸟

Alcedo atthis

佛法僧目 翠鸟科

形态特征：体长约 15cm。上体金属浅蓝绿色，眼先基部污棕色，耳羽棕色，颈侧具白色点斑，肩羽延长至腰的端部、深蓝色，尾深蓝色，颏、喉白色，胸、腹和尾下覆羽红棕色或棕栗色。

生活习性：栖息于池塘、水库、小溪等临近水的树枝或岩石上，单独或成对活动。以鱼虾为食。

斑头大翠鸟

Alcedo hercules

佛法僧目 翠鸟科

形态特征：体长约23cm。头和颈黑色，羽端部翠蓝色，具反光，背、腰、尾上覆羽亮蓝色，尾端深蓝色，翼黑褐色，次级飞羽和所有覆羽的外羽片均具绿蓝色羽缘，眼先黑色，眼下白色，耳羽翠蓝色，颈侧具皮黄色条纹，颏、喉黄白色，前颈、胸、腹、尾下的覆羽深棕色。

生活习性：栖息于多树的河流、低地及小山丘。以鱼、虾及昆虫等为食。

保护级别：国家二级保护野生动物。

冠鱼狗

Megaceryle lugubris

佛法僧目 翠鸟科

形态特征：体长约 41cm。具黑色杂白色大斑点的大羽冠，羽冠中部基本白色，枕、后颈白色，背、腰、尾、翼灰黑色，具白色斑，颏、喉白色，嘴下有一黑色粗线延伸至前胸，前胸黑色，具许多白色横斑，下胸、腹、短的尾下覆羽白色。

生活习性：栖息于低山和平原地带的江河、湖泊和沼泽边。主食鱼、虾。

斑鱼狗

Ceryle rudis

佛法僧目 翠鸟科

形态特征：体长约27cm。成鸟头具羽冠，但较冠鱼狗的小。额、头顶、羽冠黑色，眼先和眉纹白色，耳羽黑色，颈两侧白色、中央黑色，背、腰和尾上覆羽白色，具许多大的黑色斑点，尾、翼黑色，颏、喉白色，胸黑色，中间有一粗的白色胸环，腹白色。

生活习性：栖息于小河边，常停歇于岸边离水面较近的树上。主食鱼、虾、蟹及昆虫等。

大拟啄木鸟

Psilopogon virens

啄木鸟目 拟啄木鸟科

形态特征：体长约 30cm。成鸟额黑褐色，头蓝靛色，背、前胸橄榄黄色，腰、尾上覆羽和尾羽鲜绿色，初级飞羽黑色，次级飞羽和覆羽鲜绿色，后胸和腹蓝黄色，两胁绿黄色。

生活习性：栖息于阔叶林中。主食果实和昆虫等。

黑眉拟啄木鸟

Psilopogon faber

啄木鸟目 拟啄木鸟科

形态特征：体长约 20cm。成鸟额、头顶黑色，枕部红色，眼先有一小红点，耳羽天蓝色，颈有一天蓝色环带，背、腰、尾上覆羽，尾深绿色，颏和前喉金黄色，前颈红色，胸、腹、胁两侧、尾下覆羽浅绿色。

生活习性：栖息于亚热带森林。主食果实，也吃昆虫。

蚁䴕

liè

Jynx torquilla

啄木鸟目 啄木鸟科

形态特征：体长约 17cm。成鸟上体具虫蠹斑，头、上体和尾银灰色，头和尾有棕色和黑色横斑，背、腰和尾上覆羽有棕色和黑色纵纹，翼黑褐色，颏、喉、前颈、头的两侧黄棕色，有细的黑色横纹，胸和腹的中央土黄白色。

生活习性：栖息于开阔林地的树木上，偶见于河滩，多单独活动。嗜食蚁类等昆虫。

斑姬啄木鸟

Picumnus innominatus

啄木鸟目 啄木鸟科

形态特征：体长约10cm。雄鸟额金黄色，头顶和枕橄榄绿色、具粗大的白色纵纹，背、腰、尾上覆羽黄绿色，飞羽黑褐色，颏灰白色，喉、前颈、胸、腹、尾下覆羽和两胁灰白带黄，有黑色大圆点，但两胁则为黑色宽阔横斑。雌鸟额为橄榄绿色。

生活习性：栖息于山地灌丛和竹林。主食蚁类及蚁卵等。

棕腹啄木鸟

Dendrocopos hyperythrus

啄木鸟目 啄木鸟科

形态特征：体长约 20cm。头顶及颈深红色，背部黑、白横斑相间，腰至尾黑色，外侧一对尾羽具白横斑，贯眼纹及颏白色，下体余部多呈淡赭石色，仅尾下覆羽粉红色。翼上小覆羽黑色，翅余部多黑色而缀白色点斑，内侧三级飞羽具白横斑。雌鸟头顶部为黑、白相杂。

生活习性：栖息于山林间，迁徙时常单独飞行。主食昆虫。

星头啄木鸟

Dendrocopos canicapillus

啄木鸟目 啄木鸟科

形态特征：体长约15cm。头顶灰色，其后部侧方有一红色纹，白色眉纹下延至白肩斑，髭纹中有白细纹，下背白色，上体余部及中央尾羽黑色，翼上覆羽黑色，中、大覆羽有白端，翼多黑色缀白点斑，下体污白色至淡赭褐色，有黑褐至黑色的狭纹至粗纹。雌鸟头侧无红色纹。

生活习性：栖息于山林。主食昆虫。

白背啄木鸟

Dendrocopos leucotos

啄木鸟目 啄木鸟科

形态特征：体长约 25cm。头顶深红色，额具一白横斑，上体除下背白色外均黑色，肩羽有白点斑，翅黑色，大、中覆羽有白点斑，头侧及下体多白色，腹以下及两侧粉红色并具黑条纹。雌鸟头上无红色，嘴黑褐带灰色，下嘴底部转为灰白色，跗跖和趾黑褐色。

生活习性：栖息于平原至海拔 1600m 的密林。主食昆虫，也吃植物果实。

大斑啄木鸟

Dendrocopos major

啄木鸟目 啄木鸟科

形态特征：体长约 24cm。雄鸟上体主要为黑色，额、颊及耳羽白，枕部具红色横斑，肩有一白斑，内侧飞羽有大点斑，外侧飞羽有白色花纹，尾黑色，最外侧两对羽呈黑白横斑相间状，下体淡棕褐色，颈、胸侧有叉状黑纹，下腹及尾下覆羽深红色。雌鸟无红色枕斑。

生活习性：栖息于山地和平原的树丛及森林。主食昆虫。

白腹黑啄木鸟

Dryocopus javensis

啄木鸟目 啄木鸟科

形态特征：体长约 42cm。雄鸟额、头顶、枕、羽冠鲜红色，下嘴基部有一暗红色粗纹延至眼下，腰、两胁白色，腹部乳白色，初级飞羽末端有稍许黄白色，身体其余部分全为深黑色。雌鸟下嘴基部处黑色，初级飞羽末端黑色。

生活习性：栖息于山地针叶林或常绿阔叶林。主食昆虫。

保护级别：国家二级保护野生动物。

大黄冠啄木鸟

Chrysophlegma flavinucha

啄木鸟目 啄木鸟科

形态特征： 体长约34cm。雄鸟头棕绿色，具金黄色大冠，眼下有一淡黄色纵纹，向后一直延伸至颈，背、腰、尾，上覆羽鲜绿色，尾羽黑色，飞羽深棕色、具宽阔的黑色横斑，羽端黑色，下体的颏、喉为淡黄色，前颈黑色，胸、腹、尾下覆羽灰绿色，两胁灰白色。雌鸟眼下纵纹和颏、喉黑色，羽毛边缘具棕色。

生活习性： 栖息于原始林或山地次生阔叶林，常成对或小群活动。主食昆虫，也吃植物果实和种子。

保护级别： 国家二级保护野生动物。

黄冠啄木鸟

Picus chlorolophus

啄木鸟目 啄木鸟科

形态特征：体长约 26cm。雄鸟额、眉纹、枕后血红色，头顶和枕深绿色，枕后具金黄色的冠，眼下具白色纵纹伸至颈，下有一条血红色纵纹也伸至颈，耳羽绿灰色，背、腰、尾上覆羽为鲜绿色，尾、飞羽黑褐色，初级飞羽具血红色带，下体的颏、喉、后胸、腹、尾下覆羽和两胁黄灰色、具白色大横斑，前颈和上胸橄榄绿色。雌鸟额和枕后无血红色，血红色眉纹只在眼后。

生活习性：栖息于地势较高的森林。主食蚂蚁，也吃其他昆虫和植物果实。

保护级别：国家二级保护野生动物。

灰头绿啄木鸟

Picus canus

啄木鸟目 啄木鸟科

形态特征：体长约27cm。雄鸟额和头顶鲜红色，枕和后颈黑色，眼先具黑色纵纹，脸和耳羽灰色，脸与喉之间有黑色纵纹，背、腰为灰绿色，尾羽灰褐色，具宽阔的白色横斑，飞羽灰褐色，初级飞羽具白斑，下体灰白色。雌鸟额和头顶黑色。

生活习性：栖息于山区林地。主食蚂蚁，也吃植物果实和种子。

竹啄木鸟

Gecinulus grantia

啄木鸟目 啄木鸟科

形态特征：体长约 25cm。雄鸟额和头顶粉红色，头余部皮黄色，背橄榄黄绿色，腰、尾上覆羽为暗的血红色，尾羽褐色、具宽阔的黄白色横斑，飞羽黑褐色、具暗橙色斑，下体的颏、喉为污淡黄白色，胸、腹及尾下覆羽、两胁为淡橄榄褐色。雌鸟头上无粉红色，下体稍淡。

生活习性：栖息于竹林或杂有竹类的次生林。主食昆虫。

黄嘴栗啄木鸟

Blythipicus pyrrhotis

啄木鸟目 啄木鸟科

形态特征：体长约30cm。形长的嘴浅黄色，上体多棕褐色，具黑横斑，枕侧及颈具赤红斑，下体暗褐色，胸具淡栗色细羽干纹。雌鸟枕侧及颈无红斑。

生活习性：栖息于常绿阔叶林，常单个或成对活动。主食昆虫。

栗啄木鸟

Micropternus brachyurus

啄木鸟目 啄木鸟科

形态特征： 体长约21cm。雄鸟头棕色，眼下有一宽阔血红色纵纹，通体红褐色，上体、两翼和两肋具黑色横斑。雌鸟眼下无血红色纵纹，腹和两肋黑色横斑较多。

生活习性： 栖息于阔叶林或竹林中，单个或成对活动。主食蚂蚁。

白腿小隼（sǔn）

Microhierax melanoleucus

隼形目 隼科

形态特征：体长约 15cm。成鸟前额及眉纹白色，伸至后颈两侧，眼后和耳羽黑色，头顶、背、翅、尾黑色，最内侧次级飞羽具白色点斑，下体白色。

生活习性：栖息于亚热带常绿阔叶林。主食小型鸟类和昆虫。

保护级别：国家二级保护野生动物。

红隼

sǔn

Falco tinnunculus

隼形目 隼科

形态特征：体长约 33cm。雄鸟上体赤褐色，头顶及颈背灰色，尾蓝灰色无横斑，上体赤褐色略具黑色横斑，下体皮黄色而具黑色纵纹。雌鸟体型略大，上体全褐色，比雄鸟少赤褐色而多粗横斑。

生活习性：栖息于山区针阔混交林、灌丛或草地。主食昆虫、蛙、蜥蜴、蛇、小型鸟类和鼠。

保护级别：国家二级保护野生动物。

红脚隼（sǔn）

Falco amurensis

隼形目 隼科

形态特征：体长约30cm。雄鸟上体多石板黑色，颏、喉、颈侧、胸、腹部淡石板灰色，胸具细的黑褐色羽干纹，尾下覆羽、覆腿羽棕红色。雌鸟上体石板灰色、具黑褐色羽干纹，下背、肩具黑褐色横斑，颏、喉、颈侧乳白色，其余下体淡黄白色或棕白色，胸部具黑褐色纵纹，腹中部具点状或矢状斑，腹两侧和两胁具黑色横斑。

生活习性：栖息于低山、平原、丘陵地区的疏林、林缘、沼泽、草地、河流、山谷等开阔地带。主食昆虫，也捕食小型鸟类、蜥蜴、蛙和鼠等。

保护级别：国家二级保护野生动物。

灰背隼

sǔn

Falco columbarius

隼形目 隼科

形态特征：体长约30cm。雄鸟头顶及上体蓝灰色，略带黑色纵纹，眉纹白，尾蓝灰、具黑色次端斑，端白色，下体黄褐色并多具黑色纵纹，颈背棕色。雌鸟及亚成鸟上体灰褐色，腰灰色，眉纹及喉白色，下体偏白而胸及腹部多深褐色斑纹，尾具近白色横斑。

生活习性：栖息于林缘、林中空地、山岩和有稀疏树木的开阔地方。主要以小型鸟类、鼠类和昆虫等为食，也吃蜥蜴、蛙和小型蛇类。

保护级别：国家二级保护野生动物。

燕隼（sǔn）

Falco subbuteo

隼形目 隼科

形态特征：体长约 30cm。上体为暗蓝灰色，有细白色眉纹，具黑色髭纹，颈侧、喉、胸和腹白色，胸和腹有黑色的纵纹，下腹至尾下覆羽和覆腿羽为棕栗色，尾灰色或石板褐色。飞翔时翅膀狭长而尖，翼下为白色，密布黑褐色的横斑。

生活习性：栖息于平原、海岸地带疏林和林缘。主食小型鸟类、蝙蝠和昆虫。

保护级别：国家二级保护野生动物。

游隼（sǔn）

Falco peregrinus

隼形目 隼科

形态特征： 体长约 45cm。头顶和后颈暗石板蓝灰色到黑色；背、肩、腰和尾上覆羽蓝灰色，具黑褐色羽干纹和横斑；尾暗蓝灰色，具黑褐色横斑和淡色尖端；翅上覆羽淡蓝灰色，具黑褐色羽干纹和横斑；飞羽黑褐色，具污白色端斑和微缀棕色斑纹；脸颊部和宽阔而下垂的髭纹黑褐色，喉和髭纹前后白色，其余下体白色或皮黄白色；上胸和颈侧具细的黑褐色羽干纹，其余下体具黑褐色横斑；翼下覆羽、腋羽和覆腿羽亦为白色，具密集的黑褐色横斑。

生活习性： 栖息于山地、丘陵、沼泽与湖泊沿岸。主食鸟，也捕食鼠和野兔。

保护级别： 国家二级保护野生动物。

红领绿鹦鹉

Psittacula krameri

鹦形目 鹦鹉科

形态特征：体长约38cm。雄鸟头有绿色光泽，眼先有一狭形黑线，颏、喉黑色并向后两侧形成髭纹伸达颈侧，与一狭形玫瑰红色的颈环相连，上体余部具草绿色光泽，近领环处显蓝色，腰和尾上覆羽特别辉亮，中央尾羽蓝绿色，基缘较绿，羽端狭缘黄色，外侧尾羽越向外越呈绿色，翅绿色；下体绿色较淡，肛周、覆腿羽、翼下覆羽等浅黄色。雌鸟头上没黑斑或黑纹，颈部无玫瑰色的领环。

生活习性：栖息于开阔的疏林地。主食植物种子和果实。

保护级别：国家二级保护野生动物。

仙八色鸫(dōng)

Pitta nympha

雀形目 八色鸫科

形态特征：体长约 20cm。头深栗褐色，中央冠纹黑色，窄而长的眉纹皮黄白色，黑色贯眼纹宽阔，背、肩和内侧次级飞羽表面亮深绿色，腰、尾上覆羽和翅上小覆羽钴蓝色而具光泽，中覆羽、大覆羽绿色微沾蓝色，初级覆羽和飞羽黑色，尾黑色，羽端钴蓝色，喉白色，胸淡茶黄色或皮黄白色，腹中部和尾下覆羽血红色。

生活习性：栖息于低地灌木丛或次生林。食昆虫。

保护级别：国家二级保护野生动物。

蓝翅八色鸫(dōng)

Pitta moluccensis

雀形目 八色鸫科

形态特征：体长约 18cm。前额至后枕部中央冠纹黑色，两侧赭灰色、后部渲染金黄色，枕和后颈部金红色，背部、肩羽及尾羽表面全为亮蓝色；下体满布黑色斑点，渲染淡紫蓝色，闪耀丝光色泽。

生活习性：栖息于林下灌丛，常见单独在林下地面觅食。食昆虫。

保护级别：国家二级保护野生动物。

黑枕黄鹂

Oriolus chinensis

雀形目 黄鹂科

形态特征：体长约 26cm。雄鸟通体黄色，黑色过眼纹与宽阔的枕后黑纹带相边，飞羽多黑色，中央尾羽黑色，外侧尾羽黑色具黄端。雌鸟背、肩及翅覆羽染橄榄绿色，胸、腹有时可见细的隐褐纵纹。

生活习性：栖息于平原至低山阔叶林和针阔混交林。主食昆虫，也吃少量植物种子。

白腹凤鹛 (méi)

Erpornis zantholeuca

雀形目 莺雀科

形态特征：体长约13cm。上体淡黄绿色，有明显羽冠，腋下黄色，尾羽黄绿色，眼先、颊部、耳羽和下体均灰白色，尾下覆羽鲜黄色。

生活习性：栖息在小树冠和灌丛，喜集小群，有时与其他鸟类混群。主食昆虫，也吃植物种子。

红翅鵙鹛

jú méi

Pteruthius aeralatus

雀形目 莺雀科

形态特征：体长约17cm。雄鸟头黑，眉纹白，上背灰，尾、两翼黑，初级飞羽羽端白，三级飞羽金黄色和橘黄色，下体灰白色。雌鸟色暗，下体皮黄色，头近灰色，翼上少鲜艳色彩。

生活习性：栖息于阔叶林和灌丛中，常集小群或与其他鸟类混群。主食昆虫，也吃植物果实和种子等。

淡绿䴗鹛

jú méi

Pteruthius xanthochlorus

雀形目 莺雀科

形态特征： 体长约12cm。雄鸟头和颈暗蓝灰色，眼先近黑色，眼圈白色，上体灰绿色，尾羽褐色、端白，颏、喉和胸浅灰白色，两胁橄榄绿色，腹部灰黄色。雌鸟头顶褐灰色，两胁到腹部橄榄黄色，腹部中央灰黄色。

生活习性： 栖息于茂密林地，一般单独或成对活动。主食昆虫、植物果实和种子。

大鹃（jú）鵙

Coracina macei

雀形目 山椒鸟科

形态特征：体长约28cm。雄鸟脸、颏和耳羽黑色，余头部及上体石板灰色，飞羽黑色具近白色羽缘，尾黑色，尾中线深灰色，尾端棕灰色，腹部偏白，眼先及眼圈黑色，喉深灰色。雌鸟色较浅，下胸及两胁具灰色横斑。

生活习性：栖息于平原至海拔2000m山地开阔次生阔叶林或针阔混交林中，常单个或结小群活动。主食昆虫，也吃植物果实和种子。

暗灰鹃鵙

jú

Lalage melaschistos

雀形目 山椒鸟科

形态特征：体长约 23cm。雄鸟青灰色，两翼亮黑，尾下覆羽白色，尾羽黑色，三枚外侧尾羽的羽尖白色。雌鸟色浅，下体及耳羽具白色横斑，白色眼圈不完整，翼下通常具一小块白斑。

生活习性：栖息于中山以下山麓和平原，偶与灰卷尾混群。主食昆虫，也吃植物果实和种子等。

粉红山椒鸟

Pericrocotus roseus

雀形目 山椒鸟科

形态特征：体长约 20cm。雄鸟头灰色，额基、眼先及短眉纹微染粉白或粉红色，背部转淡，下背至腰部羽端染红，尾上覆羽赤红色，翅褐色且具赤红色宽斑，尾羽中央褐黑色，其余火红色，眼先黑色，耳羽灰色，颏和喉白色或粉白色，余下体粉红色。雌鸟上体稍淡，下背、腰、尾上覆羽转浅橄榄黄色，两翅具黄色斑，颏和喉黄白色，余下体浅黄色，胁部黄色稍深，翼下覆羽鲜黄色。

生活习性：栖息于海拔 2000m 以下开阔的次生阔叶林、混交林、针叶林和稀疏灌木丛。主食昆虫，也吃植物果实和种子等。

小灰山椒鸟

Pericrocotus cantonensis

雀形目 山椒鸟科

形态特征：体长约18cm。雄鸟额部纯白，头顶、上背及耳羽灰黑色，腰和尾上覆羽沙褐色，中央尾羽黑褐色，其余尾羽大多白色，两翅黑褐色，具黄白色至淡黄色翅斑，颏、喉及下体白色，胸和两胁淡褐灰色，翅缘白。雌鸟上体较浅淡，额和头顶前部白色缀以褐灰色，头顶后部渐转为暗褐灰色，胸部褐色不明显。

生活习性：栖息于海拔2100m以下的山地和平原的次生阔叶林、针叶林、草地等，多结群活动，有时也与粉红山椒鸟、灰山椒鸟混群。主食昆虫，也吃植物果实和种子等。

灰山椒鸟

Pericrocotus divaricatus

雀形目 山椒鸟科

形态特征：体长约 20cm。雄鸟鼻羽、嘴基、眼先及头顶后部概黑，头顶前部具白色宽斑，上体余部石板灰色，两翅黑褐色，具斜行近白色翅斑，中央尾羽黑褐色，外侧尾羽基部黑褐色，先端白色，下体和颈侧皆白，胸侧和体侧染灰色。雌鸟较浅淡，鼻羽、嘴基、眼先黑褐色，前额白斑狭窄，上体余部几乎纯灰色，翅和尾暗褐色亦沾灰色，翅斑染黄色。

生活习性：栖息于常绿阔叶林和针阔混交林，有时与小灰山椒鸟混群活动。主食昆虫。

琉球山椒鸟

Pericrocotus tegimae

雀形目 山椒鸟科

形态特征：体长约 20cm。雄鸟鼻羽、嘴基、眼先及头顶后部概黑，头顶前部具白色窄斑，上体余部石板灰色，两翅黑褐色、具斜行近白色翅斑，下体和颈侧皆白，胸侧和体侧染褐色。

生活习性：栖息于常绿林、常绿和落叶混交林。

灰喉山椒鸟

Pericrocotus solaris

雀形目 山椒鸟科

形态特征：体长约 17cm。雄鸟眼先、额至上背、肩羽烟黑色，下背、腰及尾上覆羽赤红至深红色，翅褐黑色，具赤红色斑，尾中央黑色、外侧赤红，颊、耳羽以及颈侧灰色，喉灰白至灰色，胸部火红色。雌鸟额、头顶、颈、背均暗石板灰，下背橄榄绿色，腰和尾上覆羽暗橄榄黄色，两翅褐黑色且具黄色斑，尾中央黑色、外侧黄色。

生活习性：栖息于平原和山区针阔混交林、阔叶林、针叶林。主食昆虫，也吃植物果实和种子。

赤红山椒鸟

Pericrocotus flammeus

雀形目 山椒鸟科

形态特征：体长约19cm。雄鸟头、颈、背及肩羽辉蓝黑色，腰、尾上覆羽、胸部猩红，翅黑色、具猩红色斑，尾中央黑色、外侧红色。雌鸟额和短眉纹黄色，头后部、背、肩羽及小覆羽污褐灰而微沾橄榄绿色，腰、尾上覆羽橄榄黄色，翅黑色、具黄色斑，尾中央黑色、外侧黄色。

生活习性：栖息于海拔2100m以下的山地和平原地带的次生阔叶林、针叶林和草地，结群活动。主食昆虫，也吃植物果实和种子等。

灰燕鵙(jú)

Artamus fuscus

雀形目 燕鵙科

形态特征：体长约 18cm。成鸟头深石板灰色，背、腰和肩暗灰褐色，尾上覆羽污白色，尾羽黑褐色，羽端缘污白色，翅黑褐色，胸和腹浅棕褐沾紫灰色。幼鸟头顶至后颈和颈侧暗褐色，肩羽和背至腰黑褐色且具棕褐色端斑，飞羽和翅上覆羽具棕褐色羽端，颏、喉及上胸灰褐色，下胸至腹浅灰棕黄色。

生活习性：栖息于常绿阔叶林、针阔混交林的林缘地带，喜结群。主食昆虫。

钩嘴林鵙（jú）

Tephrodornis virgatus

雀形目 钩嘴鵙科

形态特征：体长约 20cm。雄鸟额基黑色，头灰色而微渲染褐色，背、肩和腰淡棕褐沾灰，腰白色，翅褐色，尾棕色至褐色，贯眼纹纯黑色，颏、喉灰白或缀灰褐色，胸部灰葡萄褐色，腹部中央至尾下覆羽转纯白色。雌鸟额、头顶淡灰褐色，贯眼纹灰黑色或黑褐色。

生活习性：栖息于海拔约 1500m 以下的平原和山地次生阔叶林。主食昆虫。

黑卷尾

Dicrurus macrocercus

雀形目 卷尾科

形态特征：体长约30cm。雄鸟全身羽毛辉黑色，前额、眼先羽绒黑色，尾深叉状。雌鸟沾铜绿色，金属光泽稍差。

生活习性：栖息于800m以下的山坡、平原和丘陵阔叶林，多成对活动。主食昆虫。

灰卷尾

Dicrurus leucophaeus

雀形目 卷尾科

形态特征：体长约 28cm。雄鸟全身浅灰色，鼻须及前额基部绒黑色，眼周、脸颊及耳羽纯白，尾稍向外卷曲。雌鸟体形较小，色稍为暗淡。

生活习性：栖息于平原、丘陵河谷或山区。主食昆虫。

鸦嘴卷尾

Dicrurus annectans

雀形目 卷尾科

形态特征：体长约 29cm。雄鸟全身羽毛深灰黑色且具鳞状斑的金属闪光，嘴粗壮似乌鸦嘴，鼻孔几为须羽覆盖，尾羽暗黑色，最外侧一对尾羽末端向外上方强烈卷曲。雌鸟体羽光泽较差。

生活习性：栖息于常绿阔叶林。只吃昆虫。

发冠卷尾

Dicrurus hottentottus

雀形目 卷尾科

形态特征：体长约32cm。雄鸟全身羽绒黑色，缀蓝绿色金属光泽，前额、眼先和眼后呈绒黑色毛状羽，前额顶基部中央着生十多条丝发状冠羽，颈侧部羽呈披针状，尾呈叉状尾，最外侧一对末端稍向外曲并向内上方卷曲。雌鸟铜绿色金属光泽不如雄鸟鲜艳，额顶基部的发状羽冠亦较雄鸟短小。

生活习性：栖息于在丘陵及山区高大树木中。主食昆虫，也吃少量植物种子。

黑枕王鹟（wēng）

Hypothymis azurea

雀形目 王鹟科

形态特征：体长约 16cm。雄鸟头、胸、背及尾蓝色，翼上多灰色，腹部近白，羽冠短，嘴上的小块斑及狭窄的喉带黑色。雌鸟头蓝灰色，胸灰色较浓，背、翼及尾褐灰色，少雄鸟的黑色羽冠及喉带。

生活习性：栖息于高大常绿阔叶林和竹丛。主食昆虫。

寿带

Terpsiphone incei

雀形目 王鹟科

形态特征：体长约 22cm。雄鸟红棕色型头部、羽冠、后颈与前胸均呈金属的蓝黑色，眼圈辉钴蓝色，背为带紫的深栗红色，尾羽栗色、中央尾羽特别延长，后胸及胁部灰色，腹部及尾下覆羽白色，白色型头黑色有光泽，身体白色，尾白色。雌鸟后颈呈暗紫灰色，羽冠较短，眼圈淡蓝色，背面及翅、尾等的表面均栗色，中央尾羽并不特长。

生活习性：栖息于山区或丘陵地带的森林。主食昆虫。

紫寿带

Terpsiphone atrocaudata

雀形目 王鹟科

形态特征： 体长约 20cm。雄鸟头顶具羽冠，中央尾羽特别延长，自额至颈为黑色、略带蓝紫色金属光泽，上体紫褐色并有金属光泽，颏、喉及前胸色与头部相近，两腋灰黑色，下胸和腹灰白色。雌鸟头顶色彩较暗且无金属光泽，尾较短。

生活习性： 栖息于丘陵或海岸附近的阔叶林。主食昆虫。

虎纹伯劳

Lanius tigrinus

雀形目 伯劳科

形态特征： 体长约 19cm。雄鸟头顶至上背青灰色，过眼纹黑色，肩、背至尾上覆羽以及内侧翅覆羽为栗褐色且具黑色鳞状斑，尾羽棕褐，下体纯白色，仅胁部有暗灰色泽及稀疏、零散的不清晰鳞斑。雌鸟前额基部黑色较小，过眼黑纹沾褐色，胁部缀以黑褐色鳞状横斑。

生活习性： 栖息于平原、丘陵和山地。主食昆虫。

牛头伯劳

Lanius bucephalus

雀形目 伯劳科

形态特征：体长约 19cm。雄鸟头顶栗色，背、腰、尾上覆羽及肩羽灰褐色，过眼黑纹宽阔，眉纹白色，翅覆羽及飞羽黑褐色且具鲜明的翅斑，颏、喉污白，喉侧、胸、胁、腹侧及覆腿羽棕黄色，腹中至尾下覆羽污白，颈侧、胸及胁部有细小而模糊不清的黑褐色鳞纹。雌鸟上体更沾棕褐色，白色眉纹窄而不显著，过眼纹黑褐色，翅不具白色翅斑，下体颏、喉白色，胸、胁、腹侧及覆腿羽比雄鸟更染黄棕色，颈侧、下喉、胸、腹侧有细密的黑褐色鳞纹。

生活习性：栖息于山地稀疏阔叶林或针阔混交林的林缘地带。主食昆虫，偶尔也吃小型鸟类。

红尾伯劳

Lanius cristatus

雀形目 伯劳科

形态特征：体长约20cm。额基和眉纹白色，额和头顶至后枕为红棕色，背、腰及肩羽棕褐色，尾棕褐色且具不明显的暗褐横斑，显著的贯眼纹黑色，飞羽和翅上覆羽黑褐色，大覆羽和内侧飞羽具棕白色宽缘，颏、喉及颊白色，下体余部棕白色，两胁棕色稍浓，下腹中央近白色。

生活习性：栖息于平原、丘陵及山地的林缘或林间。主食昆虫，也吃小型鸟类。

棕背伯劳

Lanius schach

雀形目 伯劳科

形态特征：体长约 25cm。额、眼纹、两翼及尾黑色，翼有一白色斑；头顶及颈背灰色或灰黑色，背、腰及体侧红褐色，尾中央黑色，外侧褐色并具淡棕端，颏、喉、胸及腹中心部位白色，胁和尾下覆羽锈棕色。

生活习性：栖息于疏林地。主食昆虫，也捕食蛙、小型鸟类和鼠。

楔尾伯劳

Lanius sphenocercus

雀形目 伯劳科

形态特征：体长约31cm。雄鸟额基白色，眉纹白色，贯眼纹黑色，头顶至尾上覆羽灰色，尾羽中央黑色，外侧白色，羽端白色，翅覆羽、初级飞羽黑色且具鲜明的白色翅斑，颏、喉白色，胸以下灰白略沾淡粉棕色。雌性黑羽沾褐色。

生活习性：栖息于平原、山地、河谷的林缘、疏林地和草地。以昆虫为主食，也捕食蜥蜴、小型鸟类和鼠等。

松鸦

Garrulus glandarius

雀形目 鸦科

形态特征：体长约35cm。雄鸟头和上体红棕色，尾上覆羽纯白色，初级飞羽黑色，翼上具黑色及蓝色镶嵌图案，尾羽黑色，基部具灰、蓝、黑相间的横斑，下嘴基部有一卵形黑色斑块向后延伸直达颈侧，颏、喉、肛周淡白色，下体余部红棕色沾灰。雌鸟上体羽色不如雄鸟鲜亮。

生活习性：栖息于针叶林、针阔混交林和林缘灌丛。主食昆虫，也吃植物种子。

灰喜鹊

Cyanopica cyanus

雀形目 鸦科

形态特征：体长约 35cm。前额到颈项和颊部黑色闪淡蓝或淡紫蓝色光辉，喉白，向下到胸和腹部的羽色逐渐由淡黄白转为淡灰色，背部淡银灰到淡黄灰色，腰部和尾上覆羽逐渐转浅淡。翅淡天蓝色，末端有白斑，尾羽淡天蓝色，两枚中央尾羽具宽形白色端斑。

生活习性：栖息于森林林缘、疏林。主食昆虫、植物种子和果实等。

红嘴蓝鹊

Urocissa erythrorhyncha

雀形目 鸦科

形态特征：体长约 68cm。头黑而顶冠白，背和腰呈较暗的淡紫蓝色并沾灰，翅上覆羽亮淡紫蓝色，翅缘具白纹，尾淡紫蓝、中央具很宽的白色端斑，外侧有很宽的黑色次端斑和白色宽端斑，下体至胸以下到腹部及尾下覆羽由浅淡紫灰色逐渐变为乳白色。

生活习性：栖息于阔叶林和针阔混交林。食昆虫、蛙、植物果实和种子等。

灰树鹊

Dendrocitta formosae

雀形目 鸦科

形态特征：体长约38cm。颈背灰色，上背褐色，腰及下背浅灰色或白色，两翼黑色，初级飞羽基部具白色斑块且具黑色长楔形尾，下体灰色，臀棕色。

生活习性：栖息于高大乔木顶枝，常成对或成小群活动。主食植物果实和种子，也吃昆虫等。

喜鹊

Pica pica

雀形目 鸦科

形态特征：体长约45cm。雄鸟头、颈、背和尾上覆羽辉黑色，背部稍沾蓝绿色，肩羽纯白色，翅黑色，尾羽黑色且具深绿色光泽，末端具紫红色和深蓝绿色宽带，颏、喉和胸黑色，上腹和胁纯白色，下腹和覆腿羽污黑色。雌鸟光泽不显著，下体呈乌黑或乌褐色，白色部分有时沾灰。

生活习性：栖息于密林之外区域。杂食性，食昆虫、蛇、蛙、小型鸟类、鸟卵、植物果实和种子等。

达乌里寒鸦

Corvus dauuricus

雀形目 鸦科

形态特征：体长约 32cm。成鸟鼻须淡黑色，颈背和腹部以下淡白色，前额、头顶、次级覆羽和次级飞羽具淡蓝紫色光泽，喉和胸部正中、初级飞羽、初级覆羽及尾羽具淡蓝绿色光泽。

生活习性：栖息于开阔地带。杂食性，主食植物种子、昆虫，也吃鱼等。

秃鼻乌鸦

Corvus frugilegus

雀形目 鸦科

形态特征：体长约 47cm。嘴角周围裸露呈灰白色鳞片状皮肤，体羽全黑，头、颈、上胸、上颏部具黑色柔软、紧密的丝光羽。

生活习性：栖息于平原、丘陵和低山区。主食昆虫和植物种子。

小嘴乌鸦

Corvus corone

雀形目 鸦科

形态特征：体长约 50cm。全身黑色，上体具蓝紫色闪光，翅上覆羽尤其明显。

生活习性：栖息于山林深处的原始林。主食昆虫、蛙和植物种子等。

白颈鸦

Corvus pectoralis

雀形目 鸦科

形态特征：体长约 45cm。颈背至胸白色，其他体羽黑色，喉羽披针状，头和喉闪淡紫蓝光泽。

生活习性：栖息于平原、丘陵和低山地带河滩、河湾等开阔区域。主食昆虫、鱼、小型鸟类等，也吃少量植物种子和果实。

大嘴乌鸦

Corvus macrorhynchos

雀形目 鸦科

形态特征：体长约 50cm。全身黑色且具蓝紫色金属光泽，初级覆羽、尾羽闪蓝绿色光。

生活习性：栖息于村庄周边地区。食植物种子、果实、昆虫和蛙等。

方尾鹟(wēng)

Culicicapa ceylonensis

雀形目 玉鹟科

形态特征：体长约13cm。眼圈白，但甚窄，头、颈及上胸均灰色，略具冠羽，上体黄绿色，下体自胸以下黄色。

生活习性：栖息于海拔600—2000m溪流旁针阔混交林和灌丛，多成对或结小群。主食昆虫。

黄眉林雀

Sylviparus modestus

雀形目 山雀科

形态特征：体长约 10cm。上体橄榄色，羽冠短，狭窄的眼圈黄色，浅黄色短眉纹，下体淡黄绿色，微沾灰色，两胁较暗，腿甚显粗壮。

生活习性：栖息于海拔 500—3000m 左右的山地。主食昆虫，也吃植物种子。

冕雀

Melanochlora sultanea

雀形目 山雀科

形态特征：体长约 20cm。雄鸟头顶和冠羽呈辉黄色，上体、尾、翅、颏、喉和胸黑色，羽缘具金属光泽，腹和尾下覆羽辉黄色。雌鸟额、羽冠和腹部黄色较雄鸟稍淡而暗，颈、背、腰和尾上覆羽呈亮橄榄绿色，颏、喉和胸呈暗黄绿褐色，翅和尾羽黑而微沾绿色。

生活习性：栖息于海拔 1000m 以下的林地。主食昆虫。

煤山雀

Periparus ater

雀形目 山雀科

形态特征：体长约 11cm。额、头顶和后颈亮黑色，后颈中央具大型白色颈斑，眼先黑色，颊、耳羽和颈侧白色，背蓝灰色，腰和尾上覆羽沾棕褐色，尾羽黑褐色，飞羽褐色，覆羽黑褐色，翼上具两道白色翼斑，颏、喉黑色，胸污白，其余下体呈乳白色，腋羽和翅下覆羽白色。

生活习性：多栖息于在海拔 1000m 以上山地的针叶林、针阔混交林或杜鹃林。主食昆虫，也吃少量植物种子。

黄腹山雀

Pardaliparus venustulus

雀形目 山雀科

形态特征： 体长约 10cm。雄鸟额、头顶以至上背黑色且具金属蓝光，颊、耳羽和颈侧白色，后颈具一白而微杂黄色的块斑，下背、腰和肩亮蓝灰色，飞羽暗褐色；翅上覆羽黑褐色，有两道白色点斑，尾羽黑色，颏、喉和上胸黑色，下胸和腹鲜黄色。雌鸟额、头顶、眼先和背概灰绿色，后颈斑呈淡黄色，颏、喉、两颊及耳羽灰白色。

生活习性： 栖息于海拔 500—2000m 的山地。主食昆虫，有时也吃植物种子和果实等。

大山雀

Parus cinereus

雀形目 山雀科

形态特征：体长约 14cm。头及喉辉黑色，与脸侧白斑及颈背块斑成强对比，翼上具一道醒目的白色条纹，一道黑色带沿胸中央而下。

生活习性：栖息于山区阔叶林、针叶林。主食昆虫，也吃植物种子。

黄颊山雀

Machlolophus spilonotus

雀形目 山雀科

形态特征：体长约 14cm。雄鸟眉纹、眼先、颊、耳羽和颈黄色，额、头顶、羽冠及眼后至颈侧金属蓝黑色，后部冠羽先端黄色，上背黄绿，下背绿灰色，腰黄绿，尾羽黑色而具白色羽端，下体白色，腹部中央具黑色纵纹。雌鸟上体羽色较暗，颏、喉和胸呈污黑色。

生活习性：栖息于山地森林，常结小群活动。主食昆虫。

中华攀雀

Remiz consobrinus

雀形目 攀雀科

形态特征： 体长约 11cm。雄鸟贯眼纹和耳羽黑色，头顶灰色，眉纹和嘴基至颊的下部白色，背棕褐色，下体概皮黄色。雌鸟贯眼纹和耳羽暗棕栗色，上体几纯沙褐色，头顶灰色较暗。

生活习性： 栖息于水边的林地和芦苇草地。主食昆虫。

云雀

Alauda arvensis

雀形目 百灵科

形态特征：体长约 18cm。上体砂棕色且具宽阔的黑褐色轴纹，羽冠具细纹，两翅黑褐色且具棕色边缘和先端，中央尾羽黑褐色、最外侧一对几乎纯白，眼先和眉纹棕白，颊和耳羽淡棕杂以细长的黑纹，胸棕白密布黑褐色粗纹，下体余部纯白，两胁微有棕色渲染。

生活习性：栖息于开阔的草地。主食植物种子，也吃昆虫。

保护级别：国家二级保护野生动物。

小云雀

Alauda gulgula

雀形目 百灵科

形态特征：体长约 15cm。上体棕褐色且具较粗的近黑色羽轴纹，颈和颈侧条纹较细较少，翅羽黑褐、缘淡棕色，尾羽中央黑褐色、外侧白色，眉纹、颊部棕色，耳覆羽棕色较浓，下体淡棕色，胸部密布近黑色羽干纹或点斑。

生活习性：栖息于开阔的草地。主食植物种子，也吃昆虫。

棕扇尾莺

Cisticola juncidis

雀形目 扇尾莺科

形态特征：体长约 10cm。上体栗棕色具显著的黑褐色羽干纹，眉纹白色，腰黄褐色；下体白色，两胁沾棕黄色；尾短，尾为凸状，中央尾羽最长，尾端白色清晰。虹膜褐色，嘴褐色，脚粉红至近红色。

生活习性：栖息于开阔草地、稻田及甘蔗地，喜湿润地区。求偶飞行时雄鸟在其配偶上空作振翼停空并盘旋鸣叫。非繁殖期惧生而不易见到。主食昆虫。

金头扇尾莺

Cisticola exilis

雀形目 扇尾莺科

形态特征：体长约 11cm。嘴细长、略向下弯，翼短，尾长。繁殖期雄鸟顶冠亮金色，腰褐色。雌鸟及非繁殖期雄鸟头顶密布黑色细纹，眉纹淡皮黄色，不明显，与颈侧及颈背同色。下体皮黄色，喉近白色，尾深褐色，尾端皮黄色。虹膜褐色，上嘴黑色，下嘴粉红色，脚浅褐色。

生活习性：栖息于芦苇、高草地及稻田。性隐蔽，有时停于高草秆或矮树丛。飞行起伏。主食昆虫，也吃植物果实和种子。

山鹪莺

jiāo

Prinia crinigera

雀形目 扇尾莺科

形态特征：体长约 16.5cm。具形长的凸形尾，上体灰褐色并具黑色及深褐色纵纹；下体偏白色，两胁、胸及尾下覆羽沾茶黄色，胸部黑色纵纹明显。非繁殖期褐色较重，胸部黑色较少，顶冠具皮黄色和黑色细纹。虹膜浅褐色，嘴黑色（冬季褐色），脚偏粉色。

生活习性：多栖息于草丛及灌丛，常在耕地活动。主食昆虫。

黑喉山鹪莺

jiāo

Prinia atrogularis

雀形目 扇尾莺科

形态特征：体长约 16cm。特征为胸具黑色纵纹。上体褐色，两胁黄褐色，腹部皮黄色，脸颊灰色、白色眉纹明显，尾长而突。虹膜浅褐色，上嘴暗色，下嘴浅色，脚偏粉色。

生活习性：栖息于低山及山区森林的草丛和低矮植被下。主食昆虫，也吃植物果实和种子。

黄腹山鹪莺

jiāo

Prinia flaviventris

雀形目 扇尾莺科

形态特征：体长约 13cm。喉及胸白色，下胸及腹部黄色。头灰色，有时具浅淡近白的短眉纹，上体橄榄绿色，腿部皮黄或棕色。繁殖期尾较短，雄鸟上背近黑色较多（雌鸟碳黑色），冬季粉灰。虹膜浅褐色，上嘴黑色至褐色，下嘴浅色，脚橘黄色。

生活习性：栖息于芦苇沼泽、高草地及灌丛。甚惧生，藏匿于高草或芦苇中，仅在鸣叫时栖息于高秆。扑翼时发出清脆声响。主食昆虫。

纯色山鹪莺

jiāo

Prinia inornata

雀形目 扇尾莺科

形态特征：体长约 15cm。眉纹色浅，上体暗灰褐色，飞羽羽缘红棕色，下体淡皮黄色至偏红色，背色较浅且较单纯。虹膜浅褐色，嘴近黑色，脚粉红色。

生活习性：栖息于芦苇地、沼泽、玉米地及稻田。结小群活动，常于树上、草茎间或在飞行时鸣叫。

长尾缝叶莺

Orthotomus sutorius

雀形目 扇尾莺科

形态特征：体长约 12cm。尾长而常上扬；额及前顶冠棕色，眼先及头侧近白，后顶冠及颈背偏灰色；背、两翼及尾橄榄绿色，下体白色而两肋灰色。繁殖期雄鸟的中央尾羽由于换羽而更显延长。虹膜浅皮黄色，上嘴黑色，下嘴偏粉色，脚粉灰色。

生活习性：多栖息于稀疏林、次生林及果园。性活泼，不停地运动或发出刺耳尖叫声。常隐匿于林下层且多在浓密树叶之间。主食昆虫。

东方大苇莺

Acrocephalus orientalis

雀形目 苇莺科

形态特征：体长约 19cm。具显著的皮黄色眉纹，外侧初级飞羽（第九枚）比第六枚长，嘴裂偏粉色而非黄色。初级飞羽凸出较短，胸侧微具纵纹。虹膜褐色，上嘴褐色，下嘴偏粉色，脚灰色。

生活习性：栖息于芦苇、稻田、沼泽及低地次生灌丛。主食昆虫和其他小型无脊椎动物等。

黑眉苇莺

Acrocephalus bistrigiceps

雀形目 苇莺科

形态特征：体长约 13cm。眼纹皮黄白色，其上具清楚的黑色条纹，下体偏白色。虹膜褐色，上嘴色深，下嘴色浅，脚粉色。

生活习性：栖息于海拔 900m 以下的芦苇、灌丛和草丛中。善鸣叫，鸣声短促而急。主食昆虫和其他小型无脊椎动物等。

细纹苇莺

Acrocephalus sorghophilus

雀形目 苇莺科

形态特征：体长约13cm。上体黄褐色，顶冠及上背具模糊的纵纹；下体皮黄色，喉偏白色；脸颊近黄色，眉纹皮黄而上具黑色的宽纹，嘴显粗而长。虹膜褐色，上嘴黑色，下嘴偏黄色，脚粉红色。

生活习性：栖息于水域附近的芦苇丛、草丛和稻田中。主食昆虫。

保护级别：国家二级保护野生动物。

钝翅苇莺

Acrocephalus concinens

雀形目 苇莺科

形态特征：体长约 14cm。上体深橄榄褐色，腰及尾上覆羽棕色；两翼短圆，白色的短眉纹几不及眼后，具深褐色的过眼纹但眉纹上无深色条带；下体白色，胸侧、两胁及尾下覆羽沾皮黄色。虹膜褐色，上嘴色深，下嘴色浅，脚偏粉色，脚底蓝色。

生活习性：栖息于芦苇地和低山高草地。鸣声刺耳。主食昆虫。

厚嘴苇莺

Arundinax aedon

雀形目 苇莺科

形态特征：体长约 20cm。背橄榄褐色或棕色，无纵纹，嘴粗短，无深色眼线且几乎无浅色眉纹，尾长而凸。虹膜褐色，上嘴色深，下嘴色浅，脚灰褐色。

生活习性：栖息于森林、林地及次生灌丛的深暗荆棘丛。性隐匿。主食昆虫。

小鳞胸鹪鹛

jiāo méi

Pnoepyga pusilla

雀形目 鳞胸鹪鹛科

形态特征：体长约 9cm。上体的点斑仅限于下背及覆羽，头顶无点斑，几乎无尾但具醒目的扇贝形斑纹。虹膜深褐色，嘴黑色，脚粉红色。

生活习性：栖息于山林及高山稠密灌丛或竹林。在森林地面急速奔跑，形似老鼠。除鸣叫外，多惧生隐蔽。主食昆虫和植物叶、芽等。

高山短翅蝗莺

Locustella mandelli

雀形目 蝗莺科

形态特征：体长约13.5cm。头具有皮黄色的短眉纹；翅短，具略长且宽的凸形尾；上体橄榄褐色而略沾棕色，尾橄榄色较重；颏及喉白色而具黑色纵纹，下体余部白色；颈侧沾灰色，胸侧及腹部沾橄榄褐色。尾下覆羽羽端近白色，具明显的鳞状斑纹。鸣声极具特点。虹膜褐色，上嘴黑色，下嘴粉色，脚粉色。

生活习性：隐匿于林缘及开阔山麓的密丛中。主食昆虫。

棕褐短翅蝗莺

Locustella luteoventris

雀形目 蝗莺科

形态特征：体长约 14cm。两翼宽短，皮黄色的眉纹甚不清晰；颏、喉及上胸白色；脸侧、胸侧、腹部及尾下覆羽浓皮黄褐色，尾下覆羽羽端近白色而看似有鳞状纹。夏鸟的喉部有暗色纵纹。幼鸟喉皮黄色，嘴细长而略具钩，额圆。鸣声特征鲜明。虹膜褐色，上嘴色深，下嘴粉红色，脚粉红色。

生活习性：栖息于海拔 390—3000m 山地稀疏常绿阔叶林的林缘灌丛与草丛中，以及高山针叶林和林缘疏林草坡与灌丛中。常隐匿，立姿甚平。主食昆虫。

矛斑蝗莺

Locustella lanceolata

雀形目 蝗莺科

形态特征：体长约 12.5cm。上体橄榄褐色并具近黑色纵纹；下体白色，沾赭黄色；胸及两胁具黑色纵纹；眉纹皮黄色；尾端无白色。虹膜深褐色，上嘴褐色，下嘴带黄色，脚粉色。

生活习性：喜湿润稻田、沼泽灌丛、近水的休耕地及蕨丛。主食昆虫。

北蝗莺

Locustella ochotensis

雀形目 蝗莺科

形态特征：体长约 16cm。两胁沾棕色，腹部近白色。亚成鸟胸及两胁具纵纹。上体无纵纹，褐色较重，眼纹色较深；下体色淡，尾羽楔形，次端深色，末端白色。虹膜褐色，上嘴色深，下嘴色浅，脚粉色。

生活习性：喜草地、芦苇丛。主食昆虫。

东亚蝗莺

Locustella pleskei

雀形目 蝗莺科

形态特征：体长约16cm。形短的眉纹皮黄色；下体白色，胸侧及两胁沾灰色；外侧尾羽羽端近白色，翼覆羽微具银色羽缘；顶冠及上背略具深色点斑。第一次越冬的鸟喉部略沾黄色。虹膜褐色，上嘴色深，下嘴粉红色，脚粉红色。

生活习性：栖息于裸露高地及山麓的开阔荆棘丛。于芦苇地、灌丛及红树林越冬。夏季隐匿，冬季较不惧生。主食昆虫。

小蝗莺

Locustella certhiola

雀形目 蝗莺科

形态特征：体长约 15cm。眼纹皮黄色，尾棕色而端白色；上体褐色而具灰色及黑色纵纹；两翼及尾红褐色，尾具近黑色的次端斑；下体近白色，胸及两胁皮黄色。幼鸟沾黄色，胸上具三角形的黑色点斑。虹膜褐色，上嘴褐色，下嘴偏黄色，脚淡粉色。

生活习性：栖息于芦苇地、沼泽、稻田、近水的草丛和蕨丛，以及林缘地带。隐匿于浓密的植被下，即使被惊起，飞行仅几米又飞入植被中。主食昆虫。

苍眉蝗莺

Locustella fasciolata

雀形目 蝗莺科

形态特征：体长约15cm。上体橄榄褐色，眉纹白色，眼纹色深而脸颊灰暗；下体白色，胸及两胁具灰色或棕黄色条带，羽缘微近白色，尾下覆羽皮黄色。幼鸟下体偏黄色，喉具纵纹。头型较平，嘴大，尾为凸形，体多灰色。虹膜褐色，上嘴黑色，下嘴粉红色，脚粉褐色。

生活习性：栖息于低地及沿海的林地、棘丛、丘陵草地及灌丛。在林下植被中潜行、奔跑及齐足跳动。主食昆虫。

淡色崖沙燕

Riparia diluta

雀形目 燕科

形态特征：体长约 12cm。上体暗灰褐色，眼先黑褐色，额、腰及尾上覆羽略淡；下体白色并具一道特征性的褐色胸带，腹与尾下覆羽白色，尾羽不具白斑。亚成鸟喉皮黄色。虹膜褐色，嘴及脚黑色。

生活习性：常成群在水面或沼泽地上空飞翔，穿梭般地往返于水面。栖息于湖泊、沼泽和河流岸边的泥质沙滩或附近的土崖、砂质岩坡。主食昆虫。

家燕

Hirundo rustica

雀形目 燕科

形态特征：体长约 20cm。上体钢蓝色，胸偏红色而具一道蓝色胸带，腹白色；尾甚长，近端处具白色点斑。亚成鸟体羽色暗，尾无延长。虹膜褐色，嘴及脚黑色。

生活习性：在高空滑翔及盘旋，或低飞于地面或水面捕捉小昆虫。降落在枯树枝、柱子及电线上。大量的鸟常取食于同一地点，在城市有时结大群夜栖一处。主食昆虫。

洋燕

Hirundo tahitica

雀形目 燕科

形态特征：体长约14cm。蓝、红及皮黄色燕。上体钢蓝色，前额栗色；下体污白，尾无延长，无深蓝色胸带。虹膜褐色，嘴黑色，脚黑色。

生活习性：通常成松散小群，独立在水上盘旋或低空滑翔。巢为边缘敞口型，呈杯形，由泥团黏附于屋檐下、桥下或探出的岩崖下。主食昆虫。

烟腹毛脚燕

Delichon dasypus

雀形目 燕科

形态特征：体长约 13cm。上体钢蓝色，胸烟白色，腰白色，尾浅叉，下体偏灰色。虹膜褐色，嘴黑色，脚粉红色，被白色羽至趾。

生活习性：单独或成小群，常与其他燕或金丝燕混群。比其他燕更喜留在空中，多见于高空翱翔。成群栖息于较高海拔山地的悬崖峭壁。主食昆虫。

金腰燕

Cecropis daurica

雀形目 燕科

形态特征：体长约 18cm。浅栗色的腰与深钢蓝色的上体成对比；下体白色而多具黑色细纹，尾长而叉深。虹膜褐色，嘴及脚黑色。

生活习性：栖息于低山及平原的居民点附近，通常出现于平地至低海拔空中或电线上。结小群活动，飞行时振翼较缓慢且比其他燕更喜高空翱翔。主食昆虫。

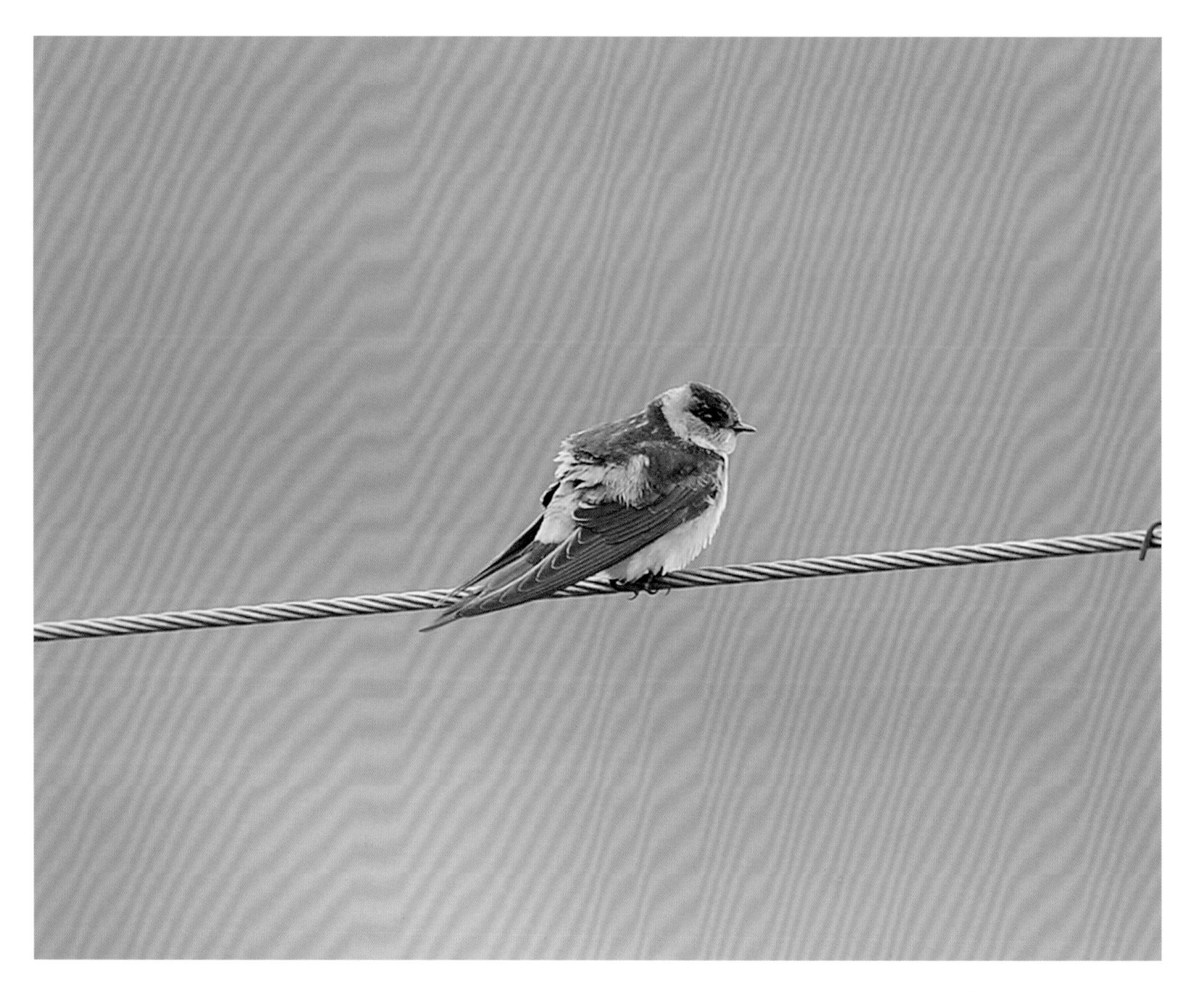

领雀嘴鹎(bēi)

Spizixos semitorques

雀形目 鹎科

形态特征： 体长约 23cm。厚重的嘴象牙色，具短羽冠；头及喉偏黑色，颈背灰色；喉白色，嘴基周围近白色，脸颊具白色细纹，尾绿而末端黑色。虹膜褐色，嘴浅黄色，脚偏粉色。

生活习性： 栖息于次生植被及灌丛，结小群，栖息于电线或竹林。飞行中捕捉昆虫。杂食性，主食昆虫和野果。

红耳鹎(bēi)

Pycnonotus jocosus

雀形目 鹎科

形态特征：体长约20cm。黑色的羽冠长窄而前倾，黑白色的头部图纹上具红色耳斑。上体余部偏褐色，下体皮黄色，臀红色，尾端具白色羽缘。亚成鸟无红色耳斑，臀粉红色。虹膜褐色，嘴及脚黑色。

生活习性：吵嚷、好动，喜群栖。喜栖息于突出物上，常站在小树最高点鸣叫。喜开阔林区、林缘、次生植被及村庄。杂食性，主食昆虫和果实。

黄臀鹎 (bēi)

Pycnonotus xanthorrhous

雀形目 鹎科

形态特征：体长约 20cm。顶冠及颈背黑色，耳羽褐色，胸带灰褐色，尾下覆羽黄色较重。虹膜褐色，嘴黑色，脚黑色。

生活习性：典型的群栖型鹎鸟，栖息于丘陵次生荆棘丛及蕨类植丛。杂食性，主食昆虫和果实。

白头鹎 (bēi)

Pycnonotus sinensis

雀形目 鹎科

形态特征：体长约19cm。眼后一白色宽纹伸至颈背，黑色的头顶略具羽冠，髭纹黑色，臀白色。幼鸟头橄榄色，胸具灰色横纹。虹膜褐色，嘴近黑色，脚黑色。

生活习性：性活泼，结群于果树上活动。主食昆虫，也吃果实和种子。

白喉红臀鹎(bēi)

Pycnonotus aurigaster

雀形目 鹎科

形态特征：体长约20cm。颏及头顶黑色，耳羽灰白色，臀红色；领环、腰、胸及腹部白色；两翼黑色，尾褐色。幼鸟臀偏黄色。虹膜红色，嘴及脚黑色。

生活习性：群栖，吵嚷，性活泼，常与其他鹎类混群。喜开阔林地或矮丛、林缘、次生植被、公园及果园。主食昆虫、果实和种子。

绿翅短脚鹎（bēi）

Ixos mcclellandii

雀形目 鹎科

形态特征：体长约 24cm。头顶深褐色具偏白色细纹，羽冠短而尖；喉偏白而具纵纹，颈背及上胸棕色；背、两翼及尾偏绿色；腹部及臀偏白色。虹膜褐色，嘴近黑色，脚粉红色。

生活习性：以小型果实及昆虫为食，有时结成大群，大胆围攻猛禽及杜鹃等鸟类。

栗背短脚鹎

bēi

Hemixos castanonotus

雀形目 鹎科

形态特征：体长约 21cm。上体栗褐色，头顶黑色而略具羽冠；喉白色，腹部偏白色；胸及两胁浅灰色；两翼及尾灰褐色，覆羽及尾羽边缘绿黄色。虹膜褐色，嘴深褐色，脚深褐色。

生活习性：常结成活跃小群。栖息于茂密的植丛。主食果实、种子，也吃昆虫。

黑短脚鹎(bēi)

Hypsipetes leucocephalus

雀形目 鹎科

形态特征：体长约20cm。嘴鲜红色，脚橙红色，尾呈浅叉状；羽色有两种色型，一种通体黑色，另一种头、颈白色，其余黑色。亚成鸟偏灰色，略具平羽冠。虹膜褐色，嘴红色，脚红色。

生活习性：主要栖息于海拔500—1000m森林高大乔木上，随季节变化发生垂直迁移和水平迁移，活跃在树冠上，冬季可见到数百只的大群。食果实及昆虫。

叽喳柳莺

Phylloscopus collybita

雀形目 柳莺科

形态特征：体长约 11cm。上体褐色，鼻孔至耳上眉纹淡皮黄色；贯眼纹呈黑褐色；尾羽黑褐色，羽缘色浅；头侧和下体呈淡土黄色；颏、喉及腹部中央颜色较淡；翅下覆羽和腋羽硫黄色。

生活习性：栖息于海拔 2000m 以下的低山、丘陵和平原地带的林地，林下灌丛较发达的针叶林和河谷、溪流两岸树丛中较为常见。主食昆虫，包括象鼻虫及其他小型甲虫、蚜虫、双翅类和蠖蛾科的幼虫。

褐柳莺

Phylloscopus fuscatus

雀形目 柳莺科

形态特征：体长约11cm。两翼短圆，尾圆而略凹；上体灰褐色，飞羽翼缘橄榄绿色；眉纹棕白色，较窄而短，眼先上部的眉纹有深褐色边，眉纹将眼和嘴隔开，贯眼纹暗褐色；颏、喉白色，下体乳白色，胸及两胁沾黄褐色；嘴细小，腿细长。虹膜褐色，上嘴色深，下嘴偏黄色，脚偏褐色。

生活习性：隐匿于溪流、沼泽周围及森林中潮湿灌丛的浓密低植被之下。常翘尾并轻弹尾及两翼。主食昆虫。

棕腹柳莺

Phylloscopus subaffinis

雀形目 柳莺科

形态特征：体长约 10.5cm。眉纹暗黄，于眼先不显著，眉纹上无狭窄的深色条纹；无翼斑；上体绿色较多而下体绿色较少，外侧 3 枚尾羽具狭窄白色羽端及羽缘。虹膜褐色，嘴深角质色且具偏黄色嘴线，下嘴基黄色，脚深色。

生活习性：垂直迁移的候鸟，夏季栖息于山区森林及灌丛，高可至海拔 3600m，越冬在山丘及低地。藏匿于浓密的林下植被，夏季成对，冬结小群。不安时两翼下垂并抖动。主食昆虫。

巨嘴柳莺

Phylloscopus schwarzi

雀形目 柳莺科

形态特征：体长约 12.5cm。橄榄褐色而无斑纹，尾较大而略分叉，嘴形厚似山雀；眉纹前端皮黄色至眼后成奶油白色，眼纹深褐色，脸侧及耳羽具散布的深色斑点；下体污白色，胸及两胁沾皮黄色，尾下覆羽黄褐色；背有些驼。虹膜褐色，上嘴褐色，下嘴色浅，脚黄褐色。

生活习性：常隐匿于地面取食，看似笨拙沉重。尾及两翼常神经质地抽动。主食昆虫。

黄腰柳莺

Phylloscopus proregulus

雀形目 柳莺科

形态特征：体长约 9cm。背部绿色，具黄色的粗眉纹和柠檬黄色的顶纹；腰柠檬黄色，具两道浅色翼斑；下体灰白色，臀及尾下覆羽沾浅黄色；新换的体羽眼先为橘黄色。虹膜褐色，嘴黑色，嘴基橙黄色，脚粉红色。

生活习性：栖息于亚高山林地，夏季可至海拔 4200m。越冬在低地林区及灌丛。主食昆虫。

黄眉柳莺

Phylloscopus inornatus

雀形目 柳莺科

形态特征：体长约 11cm。鲜艳橄榄绿色，常具两道明显的近白色翼斑，纯白或乳白色的眉纹，无浅色顶纹；下体色彩从白色变至黄绿色，三级飞羽羽端白色。虹膜褐色，上嘴色深，下嘴基黄色，脚粉色。

生活习性：性活泼，常结群且与其他小型食虫鸟类混合，栖息于森林中上层。主食昆虫。

极北柳莺

Phylloscopus borealis

雀形目 柳莺科

形态特征： 体长约 12cm。上体深橄榄色，具甚浅的白色翼斑，中覆羽羽尖成第二道模糊的翼斑；下体略白，两胁褐橄榄色；眼先及过眼纹近黑色；嘴较粗大且上弯，尾看似短，头上图纹较醒目。虹膜深褐色，上嘴深褐色，下嘴黄色，脚褐色。

生活习性： 喜开阔有红树林、次生林及林缘地带。常混入鸟群，在树叶间寻食。主食昆虫。

日本柳莺

Phylloscopus xanthodryas

雀形目 柳莺科

形态特征：体长约 12cm。具明显的黄白色长眉纹；上体深橄榄色，具甚浅的白色翼斑，中覆羽羽尖成第二道模糊的翼斑；下体略白，两胁褐橄榄色；眼先及过眼纹近黑色。虹膜深褐色，上嘴深褐色，下嘴黄色，脚褐色。

生活习性：喜开阔红树林、次生林及林缘地带。常混入鸟群，在树叶间寻食。主食昆虫。

双斑绿柳莺

Phylloscopus plumbeitarsus

雀形目 柳莺科

形态特征：体长约12cm。具明显的白色长眉纹，无顶纹，腿色深，下体白色而腰绿色；具两道翼斑，大翼斑较宽较明显，上体色较深且绿色较重，三级飞羽无浅色羽端；有时头及颈略沾黄色。虹膜褐色，上嘴色深，下嘴粉红色，脚蓝灰色。

生活习性：栖息于针叶林、针阔混交林中。越冬于次生灌丛及竹林，高至海拔1000m。主食昆虫。

淡脚柳莺

Phylloscopus tenellipes

雀形目 柳莺科

形态特征：体长约11cm。上体橄榄褐色，具两道皮黄色翼斑；白色长眉纹，眼前部分皮黄色，过眼纹橄榄色；腰及尾上覆羽为橄榄褐色；下体白色，两胁沾皮黄灰色。虹膜褐色，上嘴色暗，下嘴带粉色，脚浅粉红色。

生活习性：栖息于山间茂密的林下，高可至海拔1800m。冬季栖息于红树林及灌丛。隐匿于较低层，轻松活泼地来回跳跃，以特殊的方式向下弹尾。主食昆虫。

冕柳莺

Phylloscopus coronatus

雀形目 柳莺科

形态特征：体长约 12cm。上体绿橄榄色，具近白色的眉纹和顶纹，飞羽具黄色羽缘，仅一道黄白色翼斑；下体近白色，与柠檬黄色的臀成对比；眼先及过眼纹近黑色。虹膜深褐色，上嘴褐色，下嘴色浅，脚灰色。

生活习性：喜栖息于红树林、林地及林缘，通常栖息于较大树木的树冠层。主食昆虫。

冠纹柳莺

Phylloscopus claudiae

雀形目 柳莺科

形态特征：体长约 10.5cm。上体绿色，具两道黄色较醒目翼斑，眉纹及顶纹艳黄色，侧顶纹色淡，下体白染黄色少，尤其是脸侧、两胁及尾下覆羽；外侧两枚尾羽的内翈具白边。虹膜褐色，上嘴色深，下嘴粉红色，脚偏绿至黄色。

生活习性：除成对或单独活动外，多见 3—5 只成小群活动于树冠层，以及林下灌、草丛中，尤其在河谷、溪流和林缘疏林灌丛及小树丛中常见。主食昆虫。有时倒悬于树枝下方取食。

华南冠纹柳莺

Phylloscopus goodsoni

雀形目 柳莺科

形态特征：体长约 10.5cm。上体呈鲜橄榄绿色，头顶淡橄榄褐色，冠纹及头部的余部淡黄色；眉纹黄色，贯眼纹暗褐色；下体白色染黄色，翅上两道黄色翼带。虹膜褐色，上嘴暗褐色，下嘴黄色，脚黄褐色。

生活习性：主要栖息于海拔 3500m 以下的常绿阔叶林、针阔混交林、针叶林和林缘灌丛中，多活动在树冠层。常两翼轮换振翅，有时倒悬于树枝下方取食。主食昆虫。

白斑尾柳莺

Phylloscopus ogilviegranti

雀形目 柳莺科

形态特征：体长约 10.5cm。上体亮绿色，具两道近黄色的翼斑，顶纹模糊，黄色的粗眉纹，过眼纹近深绿色；下体白色而染黄色；外侧 3 枚尾羽具白色内缘，且延至外翈。虹膜褐色，上嘴色深，下嘴粉红色，脚粉褐色。

生活习性：主要栖息于海拔 3000m 以下的落叶林、常绿阔叶林、针阔混交林或针叶林，也栖息于次生林和林缘灌丛地带。主食昆虫。

黑眉柳莺

Phylloscopus ricketti

雀形目 柳莺科

形态特征：体长约 10.5cm。上体亮绿色，通常可见两道翼斑；眉纹鲜黄色；眼纹及侧顶纹黑绿色，顶纹近黄色，颈背具灰色细纹。下体金黄色，虹膜褐色，上嘴色深，下嘴偏黄色，脚黄粉色。

生活习性：与其他莺类混群。栖息于丘陵混交林，高可至海拔 1500m。主食昆虫。

白眶鹟莺

wēng

Seicercus affinis

雀形目 柳莺科

形态特征：体长约 11cm。头灰色，眼圈白色，眼圈上方有一缺口，眼先黄色及黑色；头侧灰色，上体绿色，具一黄色翼斑。下体黄色，颏及喉黄色；虹膜褐色，上嘴色深，下嘴黄色，脚黄色。

生活习性：栖息于山区潮湿竹林密丛。越冬至山麓，常混入鸟群。主食昆虫。

金眶鹟莺

wēng

Seicercus burkii

雀形目 柳莺科

形态特征：体长约 13cm。眼圈黄色，具宽阔的绿灰色顶纹，其两侧缘接黑色眉纹；下体黄色，外侧尾羽的内翈白色。虹膜褐色，上嘴黑色，下嘴色浅，脚偏黄色。

生活习性：栖息于灌林和竹林。多隐匿于林下层。主食昆虫。

灰冠鹟莺

wēng

Seicercus tephrocephalus

雀形目 柳莺科

形态特征：长约 11cm。头顶灰色，黑色的顶纹和侧冠纹明显，常能看到枕部起角；无翼带，眼圈黄白色，眼圈后侧有细断缝。

生活习性：繁殖于海拔 1400—2500m 的常绿阔叶林或竹林中。主食昆虫。

比氏鹟莺

wēng

Seicercus valentini

雀形目 柳莺科

形态特征：体长约 13cm。前额黄绿色，灰色冠，黑色顶纹、侧冠纹明显且止于额，头顶灰蓝色；眼圈黄色，眼圈后缘完整，多数个体翼带明显；下体柠檬黄色，外侧两枚尾羽白色区域较大。虹膜褐色，上嘴黑色，下嘴黄色，脚黄褐色。

生活习性：繁殖于海拔 1400—2000m 的常绿阔叶林中和次生林中，冬季下降到低海拔地区。主食昆虫。

淡尾鹟(wēng)莺

Seicercus soror

雀形目 柳莺科

形态特征：体长约 13cm。头顶有淡灰色冠纹，冠纹两侧缘向眼部伸延；下体黄色，外侧尾羽的内翈白色；眼圈黄色完整；无翼斑。虹膜褐色，上嘴黑色，下嘴色浅，脚偏黄色。

生活习性：多隐匿于林下层。主食昆虫。

栗头鹟莺

wēng

Seicercus castaniceps

雀形目 柳莺科

形态特征：体长约 9cm。顶冠红褐色，侧顶纹及过眼纹黑色，眼圈白色，脸颊灰色；翼斑黄色；腰及两胁黄色，胸灰色，腹部黄灰色。虹膜褐色，上嘴黑色，下嘴浅色，脚角质灰色。

生活习性：活跃于山区森林，在小树的树冠层觅食。常与其他种类混群。主食昆虫和种子。

棕脸鹟莺

wēng

Abroscopus albogularis

雀形目 树莺科

形态特征：体长约 10cm。头栗色，具黑色侧冠纹；上体绿色，腰黄色；下体白色，颏及喉杂黑色点斑，上胸沾黄色；头侧栗色，无翼斑。虹膜褐色，上嘴色暗，下嘴色浅，脚粉褐色。

生活习性：栖息于常绿林及竹林。鸣声尖锐。主食昆虫。

栗头织叶莺

Phyllergates cucullatus

雀形目 柳莺科

形态特征：体长约 12cm。雄鸟前额至头顶亮棕红色，黄色眉纹短而狭细，贯眼纹黑褐色，眼圈白色，颊和耳羽下部灰褐色，后枕至上背暗灰沾绿色，腰和尾上覆羽淡绿黄色，飞羽和尾羽黑褐色，外缘橄榄绿色，颏、喉至上胸淡灰白色，下胸至腹部和胁部及尾下覆羽亮黄色。雌鸟羽色不如雄鸟鲜亮。

生活习性：栖息于热带和南亚热带山地常绿阔叶林、竹林和林缘灌丛地带，喜群栖，常 3—5 只结群活动。主食昆虫。

短翅树莺

Horornis diphone

雀形目 树莺科

形态特征：体长约 15cm。具明显的皮黄白色眉纹和近黑色的贯眼纹；下体乳白色，有弥漫型淡皮黄色胸带，两胁及尾下覆羽橄榄褐色。虹膜褐色，上嘴褐色，下嘴粉色，脚粉红色。

生活习性：栖息于茂密的竹林、灌丛及草地。常隐匿独处。主食昆虫。

远东树莺

Horornis canturians

雀形目 树莺科

形态特征：体长约 17cm。皮黄色的眉纹显著，眼纹深褐色，无翼斑或顶纹。通常尾略上翘。虹膜褐色，上嘴褐色，下嘴色浅，脚粉红色。

生活习性：栖息于次生灌丛，高可至海拔 1500m。主食昆虫。

强脚树莺

Horornis fortipes

雀形目 树莺科

形态特征：体长约 12cm。具形长的皮黄色眉纹，下体偏白而染褐黄色，尤其是胸侧、两胁及尾下覆羽。幼鸟黄色较多。虹膜褐色，上嘴深褐色，下嘴基色浅，脚肉棕色。

生活习性：栖息于浓密灌丛，易闻其声但难一见，通常独处。鸣声似响亮的哨声且有规律。主食昆虫，也吃果实和种子。

黄腹树莺

Horornis acanthizoides

雀形目 树莺科

形态特征：体长约 11cm。上体全褐色，顶冠有时略沾棕色，腰有时多呈橄榄色；飞羽的棕色羽缘形成对比性的翼上纹理；眉纹白或皮黄色，至眼后；喉及上胸灰色，两侧略染黄色，两肋、尾下覆羽及腹中心皮黄白色。虹膜褐色，上嘴色深，下嘴粉红色，脚粉褐色。

生活习性：栖息于浓密灌丛和林下覆盖区及竹林，夏季于海拔 1500—4000m 的山地，冬季下至海拔 1000m。主食昆虫。

鳞头树莺

Urosphena squameiceps

雀形目 树莺科

形态特征：体长约 10cm。上体纯褐色，顶冠具鳞状斑纹，具明显的深色贯眼纹和浅色的眉纹；下体近白，两胁及臀皮黄色。外形看似矮胖，翼宽且嘴尖细。虹膜褐色，上嘴色深，下嘴色浅，脚粉红色。

生活习性：单独或成对活动。繁殖期栖息于海拔 1300m 以下的针叶林及落叶林地面或近地面处，越冬期栖息于较开阔的多灌丛环境，高可至海拔 2100m。主食昆虫。

红头长尾山雀

Aegithalos concinnus

雀形目 长尾山雀科

形态特征：体长约 10cm。头顶及颈背棕色，过眼纹宽且黑，颏及喉白且具黑色圆形胸兜，胸腹白色，胸带、两胁栗色，尾长。虹膜黄色，嘴黑色，脚橘黄色。

生活习性：性活泼，结大群，常与其他种类混群。主食昆虫。

棕头鸦雀

Sinosuthora webbiana

雀形目 莺鹛科

形态特征：体长约 12cm。嘴小似山雀，头顶及两翼栗褐色，喉略具棕红色细纹，尾棕褐色。眼圈不明显，虹膜褐色，嘴灰色或褐色，嘴端色较浅，脚粉灰色。

生活习性：活泼且好结群，通常栖息于林下植被及低矮树丛。主食昆虫和植物果实、种子等。

褐头雀鹛（méi）

Fulvetta cinereiceps

雀形目 莺鹛科

形态特征：体长约12cm。无眉纹及眼圈，喉及胸沾灰色，具黑白色翼纹。胸中央白色，两侧粉褐色至栗色。初级飞羽羽缘白色、黑色而后棕色，形成多彩翼纹。虹膜黄色至粉红色，雄鸟嘴黑色，雌鸟嘴褐色，脚灰褐色。

生活习性：栖息于海拔1500—3400m的常绿林林下、混交林和针叶林的棘丛、竹林，在南方地区可下至1100m。主食昆虫，也吃叶片和种子。

金色鸦雀

Suthora verreauxi

雀形目 莺鹛科

形态特征：体长约 11.5cm。头顶、翼斑及尾羽羽缘橘黄色，下颊白色，喉黑色，上背橄榄橙色，下体白而染橙色，尾红褐色。虹膜深褐色，上嘴灰色，下嘴带粉色，脚带粉色。

生活习性：栖息于中山海拔常绿阔叶林林下、竹林或灌丛。主食昆虫和植物果实、种子等。

短尾鸦雀

Neosuthora davidiana

雀形目 莺鹛科

形态特征：体长约 10cm。头栗色，喉黑色，尾短。上背棕褐色至灰褐色，下体灰色而染棕红色，尾羽棕红色。虹膜褐色，嘴近粉色，脚近粉色。

生活习性：栖息于林下灌木丛和竹林密丛，常结小群活动。主食昆虫，也吃果实和种子。

保护级别：国家二级保护野生动物。

灰头鸦雀

Psittiparus gularis

雀形目 莺鹛科

形态特征：体长约 18cm。特征为头灰色，嘴橘黄色。前额和侧冠纹黑色，下颊白色，喉黑色，下体余部白色。虹膜红褐色，脚灰色。

生活习性：栖息于海拔 450—1850m 森林的树冠层、林下、竹林及灌丛。吵嚷成群。主食昆虫和植物。

点胸鸦雀

Paradoxornis guttaticollis

雀形目 莺鹛科

形态特征：体长约 18cm。头顶及颈背赤褐色，耳羽后端有显眼的黑色块斑，胸上具倒“V”字形黑色细纹。上体余部暗红褐色，下体皮黄色。虹膜褐色，嘴橘黄色，脚蓝灰色。

生活习性：栖息于灌丛、次生植被及高草丛。主食昆虫，也吃果实和种子。

栗耳凤鹛（méi）

Yuhina castaniceps

雀形目 绣眼鸟科

形态特征：体长约13cm。上体偏灰色，下体近白色，特征为栗色的脸颊延伸成后颈圈。具短的灰色羽冠，上体白色羽轴形成细小纵纹。尾深褐灰色，羽缘白色。虹膜褐色，嘴红褐色，嘴端色深，脚粉红色。

生活习性：性活泼，通常吵嚷成群，于林冠的较低层捕食昆虫。主食果实、种子，也吃昆虫。

黑颏凤鹛

kē méi

Yuhina nigrimenta

雀形目 绣眼鸟科

形态特征：体长约11cm。头、羽冠、颈背灰色，羽冠前端黑色而具白色羽缘。上体橄榄灰色，下体偏白色。特征为额、眼先及颏上部黑色。虹膜褐色，上嘴黑色，下嘴红色，脚橘黄色。

生活习性：性活泼而喜结群，夏季多栖息于海拔530—2300m的山区森林、疏林及次生灌丛的树冠层中，冬季下至海拔300m。有时与其他种类结成大群。主食种子，也吃昆虫和花蜜。

红胁绣眼鸟

Zosterops erythropleurus

雀形目 绣眼鸟科

形态特征：体长约 12cm。头及上背体羽橄榄绿色，具明显白色眼圈，眼先深色，喉黄色，两胁栗色，胸腹部白色且胸部灰色较重，尾下腹羽黄色。虹膜红褐色，嘴橄榄色，脚灰色。

生活习性：栖息于丘陵、平原地带的阔叶林、次生林，及公园、果园等多种生境。多集小群于树冠层，在多花的乔木或灌丛中觅食。

保护级别：国家二级保护野生动物。

暗绿绣眼鸟

Zosterops japonicus

雀形目 绣眼鸟科

形态特征：体长约 10cm。上体鲜亮绿橄榄色，具明显的白色眼圈和黄色的喉及臀部。胸及两胁灰色，腹白色。虹膜浅褐色，嘴灰色，脚偏灰色。

生活习性：性活泼而喧闹，于树顶觅食小型昆虫、小浆果及花蜜。

华南斑胸钩嘴鹛(méi)

Erythrogenys swinhoei

雀形目 林鹛科

形态特征：体长约 24cm。头顶及尾棕褐色，前额和脸颊锈红色，眼先白色，上体红褐色，颏、喉灰白色。下体灰色，胸具粗黑纵纹，两胁灰色少染棕色。虹膜淡黄白色，嘴粉褐色，脚肉褐色。

生活习性：栖息于灌丛。主食昆虫、果实、种子和花。

棕颈钩嘴鹛(méi)

Pomatorhinus ruficollis

雀形目 林鹛科

形态特征：体长约 19cm。具栗色的颈圈，白色的长眉纹，黑色贯眼纹，眼先黑色，喉白色。胸栗褐色而具白色纵纹，腹部浓褐色，上背栗褐色。虹膜褐色，上嘴黑色，下嘴黄色，脚铅褐色。

生活习性：栖息于低山平原地带的阔叶林、次生林、竹林、灌丛，以及茶园、果园、路旁树丛。主食昆虫、果实和种子。

红头穗鹛

méi

Cyanoderma ruficeps

雀形目 林鹛科

形态特征：体长约 12.5cm。上体暗灰橄榄色，顶冠棕色，眼先暗黄色，喉、胸及头侧沾黄色，下体黄色。喉具黑色细纹。虹膜红色，上嘴近黑色，下嘴较淡，脚棕绿色。

生活习性：栖息于森林、灌丛及竹丛，鸣声独特易被发觉。主食昆虫。

褐顶雀鹛(méi)

Schoeniparus brunneus

雀形目 幽鹛科

形态特征：体长约 13cm。头、脸颊、颈侧至上胸灰色，顶冠棕褐色并具有黑色侧冠纹，前额黄褐色，无眉纹。下体皮黄色，两翼纯褐色无翼斑。虹膜黑褐色，嘴深褐色，脚粉红色。

生活习性：栖息于海拔 400—1830m 的常绿林及落叶林的灌丛层。主食昆虫，也吃果实和种子。

灰眶雀鹛

méi

Alcippe morrisonia

雀形目 幽鹛科

形态特征：体长约 14cm。上体褐色，头灰色，具明显的白色眼圈，脸颊多灰色；下体灰皮黄色。虹膜红色，嘴灰色，脚偏粉色。

生活习性：常与其他种类混合于“鸟潮”中。大胆围攻小型鸮类及其他猛禽。主食昆虫和植物果实、种子等。

矛纹草鹛(méi)

Babax lanceolatus

雀形目 噪鹛科

形态特征：体长约 26cm。纵纹密布的灰褐色噪鹛，顶冠棕褐色，嘴略下弯，具特征性的深色髭纹；上背和下体具棕褐色和白色相间的纵纹，两翼和尾深棕色；下体纵纹呈尖矛状，颏喉、胸至下腹白色染灰色；尾长，尾上具狭窄的横斑。虹膜黄色，嘴黑色，脚粉褐色。

生活习性：甚吵嚷，栖息于开阔的山区森林及丘陵森林的灌丛、棘丛及林下植被。结小群于地面活动和取食。性甚隐蔽，但常于突出处鸣叫。主食昆虫、果实和种子。

画眉

Garrulax canorus

雀形目 噪鹛科

形态特征：体长约22cm。顶冠及颈背有偏黑色纵纹，白色的眼圈在眼后延伸成狭窄的眉纹，延长至耳部，眼周具有少量蓝色的裸皮，下腹白色。虹膜黄色，嘴偏黄色，脚偏黄色。

生活习性：栖息于低山和丘陵地带的灌丛及次生林。甚惧生，成对或结小群活动，于腐叶间穿行找食，杂食性，食昆虫、果实和种子。

保护级别：国家二级保护野生动物。

灰翅噪鹛(méi)

Garrulax cineraceus

雀形目 噪鹛科

形态特征：体长约22cm。头顶、颈背、眼后纹、髭纹及颈侧细纹黑色；初级覆羽黑色，初级飞羽羽缘灰色；三级飞羽、次级飞羽及尾羽羽端黑色而具白色的月牙形斑。虹膜乳白色，嘴角质色，脚暗黄色。

生活习性：成对或结小群活动于次生灌丛及竹丛，有时现于近村庄处。主食昆虫、果实和种子。

黑脸噪鹛（méi）

Garrulax perspicillatus

雀形目 噪鹛科

形态特征：体长约 30cm。额及眼罩黑色；上体暗褐色，外侧尾羽端宽，深褐色；下体偏灰渐次为腹部近白色，尾下覆羽黄褐色。虹膜褐色，嘴近黑色，嘴端较淡，脚红褐色。

生活习性：结小群活动于浓密灌丛、竹丛、芦苇地、田地及城镇公园。取食多在地面。性喧闹。杂食性，主食昆虫、果实和种子。

小黑领噪鹛

méi

Garrulax monileger

雀形目 噪鹛科

形态特征：体长约 28cm。顶冠灰褐色，眼先黑色，具粗而长的白色眉纹和黑色贯眼纹，具粗显的黑色项纹，眼后有粗黑线，下颊纹细而呈黑色，后枕和上背棕黄色；下体白色，两胁和尾下覆羽棕红色，尾楔形两侧尖端白色。初级飞羽褐色。虹膜黄色，嘴深灰色，脚偏灰色。

生活习性：栖息于海拔 350—1400m 山区森林，群栖而吵嚷，通常在森林地面的树叶间翻找食物。有时与其他噪鹛混群，包括黑领噪鹛。主食昆虫、果实和种子。

黑领噪鹛(méi)

Garrulax pectoralis

雀形目 噪鹛科

形态特征：体长约 30cm。似小黑领噪鹛，主要区别在其眼先浅色，且初级覆羽色深而与翼余部成对比；头胸部具复杂的黑白色图纹，耳羽明显黑色而夹以白色，白色眉纹细，贯眼纹和颊纹黑色；后枕、颈、背、两胁和尾下覆羽棕红色；耳后沿颈侧至前胸具宽阔的黑色项纹；初级覆羽色深而与翼余部成对比。虹膜栗色，上嘴黑色，下嘴灰色，脚蓝灰色。

生活习性：吵嚷群栖。取食多在地面。与其他噪鹛混群，包括相似的小黑领噪鹛。杂食性，食物包括甲虫、蝇、天蛾卵和种子。

黑喉噪鹛(méi)

Garrulax chinensis

雀形目 噪鹛科

形态特征：体长 24—29cm。头顶蓝灰色，背羽大都橄榄绿褐色，额、眼周和颏、喉黑色，颊部和耳羽有显著的白色块斑；胸、腹部多灰褐色。

生活习性：栖息于常绿阔叶林。主食昆虫，也吃植物种子和叶。

保护级别：国家二级保护野生动物。

棕噪鹛

méi

Garrulax berthemyi

雀形目 噪鹛科

形态特征： 体长约 28cm。眼周蓝色裸露皮肤明显，头、胸、背、两翼及尾橄榄栗褐色，顶冠略具黑色的鳞状斑纹。腹部及初级飞羽羽缘灰色，臀白色。虹膜褐色，嘴偏黄色，嘴基蓝色，脚蓝灰色。

生活习性： 惧生，不喜开阔地区，结小群栖息于丘陵及山区原始阔叶林的林下及竹林。杂食性，主食昆虫，也吃果实和种子。

保护级别： 国家二级保护野生动物。

白颊噪鹛(méi)

Garrulax sannio

雀形目 噪鹛科

形态特征：体长约25cm。头部顶冠深棕褐色，白色眼先和白色眉纹、下颊纹相连；尾羽棕褐色，尾下覆羽棕红色。虹膜褐色，嘴褐色，脚灰褐色。

生活习性：隐匿于次生灌丛、竹丛及林缘空地。主食昆虫和种子。

红尾噪鹛(méi)

Trochalopteron milnei

雀形目 噪鹛科

形态特征：体长约 25cm。两翼及尾绯红色，顶冠及颈背棕色，背及胸具灰色或橄榄色鳞斑，耳羽浅灰色。虹膜深褐色，嘴偏黑色，脚偏黑色。

生活习性：喧闹结群栖息于海拔 1000—2400m 的常绿阔叶林的稠密林下植被及竹丛。

保护级别：国家二级保护野生动物。

红嘴相思鸟

Leiothrix lutea

雀形目 噪鹛科

形态特征：体长约 15.5cm。具显眼的红色嘴，上体橄榄绿色，眼周有黄色块斑，下体橙黄色，尾近黑色而略分叉，翼略黑色、红色和黄色的羽缘在歇息时成明显的翼纹。虹膜褐色，嘴红色，脚粉红色。

生活习性：栖息于山地常绿阔叶林、混交林、竹林和灌丛。休息时常紧靠一起相互舔整羽毛。主食昆虫，也食果实和种子。

保护级别：国家二级保护野生动物。

普通䴓(shī)

Sitta europaea

雀形目 䴓科

形态特征： 体长约13cm。上体蓝灰色，过眼纹黑色，喉白色，腹部淡皮黄色，两胁浓栗色。虹膜深褐色，嘴黑色，下颚基部带粉色，脚深灰色。

生活习性： 在树干的缝隙及树洞中啄食树籽及坚果，偶尔于地面取食。飞行起伏呈波状。成对或结小群活动。

栗臀䴓

shī

Sitta nagaensis

雀形目 䴓科

形态特征：体长约13cm。似普通䴓但下体浅皮黄色，喉、耳羽及胸沾灰色，与两胁的深砖红色成强烈对比；尾下覆羽深棕色，两侧各有一道明显的白色鳞状斑纹形成的条带。虹膜深褐色，嘴黑色，下颚基部灰色，脚不同程度的灰褐色。

生活习性：单独或成对栖息于海拔1400—2600m的山地针阔混交林和针叶林，与其他小群鸟类混群，在树干的缝隙及树洞中啄食树籽及坚果。

红翅旋壁雀

Tichodroma muraria

雀形目 䴓科

形态特征：体长约 16cm。尾短而嘴长，翼具醒目的绯红色斑纹。繁殖期雄鸟脸及喉黑色，雌鸟黑色较少。非繁殖期成鸟喉偏白色，头顶及脸颊沾褐色。飞羽黑色，外侧尾羽羽端白色显著，初级飞羽两排白色点斑飞行时成带状。虹膜深褐色，嘴黑色，脚棕黑色。

生活习性：常在岩崖峭壁上攀爬，两翼轻展显露红色翼斑。冬季下至较低海拔，甚至于建筑物上取食。主食昆虫。

jiāo liáo
鹪鹩

Troglodytes troglodytes

雀形目 鹪鹩科

形态特征：体长约 10cm。褐色而具横纹及点斑似鹪鹛；尾上翘，嘴细；深黄褐色的体羽具狭窄黑色横斑及模糊的皮黄色眉纹为其特征。虹膜褐色，嘴褐色，脚褐色。

生活习性：栖息于灌木丛中，一般独自或成双或以家庭集小群进行活动。主食昆虫。

褐河乌

Cinclus pallasii

雀形目 河乌科

形态特征：体长约21cm。体无白色或浅色胸围，有时眼上的白色小块斑明显。虹膜褐色，嘴深褐色，脚深褐色。

生活习性：成对活动于高海拔的繁殖地，略有季节性垂直迁移。常栖息于巨大砾石，头常点动，翘尾并偶尔抽动。在水面游泳然后潜入水中，似小鸊鷉。炫耀表演时两翼上举并振动。主食昆虫、鱼、虾、螺，也吃种子。

八哥

Acridotheres cristatellus

雀形目 椋鸟科

形态特征：体长约 26cm。头顶前方的冠羽突出，静立时几乎会黑，飞行时有独特翼斑，与林八哥的区别在冠羽较长，嘴基部红色或粉红色，尾端有狭窄的白色，尾下覆羽具黑色及白色横纹。虹膜橘黄色，嘴浅黄色，嘴基红色，脚暗黄色。

生活习性：结小群生活，一般栖息于旷野、城镇及花园。主食昆虫，也吃野果和种子。

家八哥

Acridotheres tristis

雀形目 椋鸟科

形态特征：体长约 24cm。头深色，与八哥的区别在于无冠羽，眼周裸露皮肤黄色；飞行时白色的翼闪明显。亚成鸟色暗。虹膜略红色，嘴黄色，脚黄色。

生活习性：通常结群在地面取食。喜城镇、田野及花园。主食昆虫，也吃野果和种子。

丝光椋鸟

Spodiopsar sericeus

雀形目 椋鸟科

形态特征：体长约24cm。嘴红色，两翼及尾辉黑色，飞行时初级飞羽的白斑明显；头具近白色丝状羽，上体余部灰色。虹膜黑色，嘴红色，嘴端黑色，脚暗橘黄色。

生活习性：多栖息于开阔平原、农作区和丛林间，营巢于墙洞或树洞中。迁徙时成大群。主食果实和种子。

灰椋鸟

Spodiopsar cineraceus

雀形目 椋鸟科

形态特征：体长约 24cm。头黑色，头侧具白色纵纹；臀、外侧尾羽羽端及次级飞羽狭窄横纹白色。雌鸟色浅而暗。虹膜偏红色，嘴黄色，尖端黑色，脚暗橘黄色。

生活习性：群栖性，取食于农田。杂食性，主食昆虫、果实和种子。

黑领椋鸟

Gracupica nigricollis

雀形目 椋鸟科

形态特征： 体长约 28cm。头白色，颈环及上胸黑色；背及两翼黑色，翼缘白色；尾黑而尾端白色；眼周裸露皮肤及腿黄色。雌鸟似雄鸟，但多褐色。幼鸟少黑色颈环。虹膜黄色，嘴黑色，脚浅灰色。

生活习性： 主要栖息于草地、农田、灌丛、荒地、草坡等开阔地带，常成对或成小群活动。主食昆虫，也吃蚯蚓、蜘蛛等无脊椎动物，以及植物果实与种子等。

北椋鸟

Agropsar sturninus

雀形目 椋鸟科

形态特征：体长约 18cm。成年雄鸟背部闪辉紫色，两翼闪辉绿黑色并具醒目的白色翼斑，头及胸灰色，颈背具黑色斑块，腹部白色。雌鸟上体烟灰色，颈背具褐色点斑，两翼及尾黑色。亚成鸟浅褐色，下体具褐色斑点。虹膜褐色，嘴近黑色，脚绿色。

生活习性：栖息于田野。取食于沿海开阔区域的地面。主食昆虫。

紫背椋鸟

Agropsar philippensis

雀形目 椋鸟科

形态特征：体长约 17cm。雄鸟头浅灰或皮黄色，耳羽及颈侧栗色，背闪辉深紫罗蓝色，两翼及尾黑色，具白色肩纹，下体偏白色。雌鸟上体灰褐色，下体偏白色，两翼及尾黑色。虹膜褐色，嘴黑色，脚深绿色。

生活习性：结小群生活，栖息于开阔原野。在树上取食。主食昆虫。

灰背椋鸟

Sturnia sinensis

雀形目 椋鸟科

形态特征：体长约 19cm。雄鸟通体灰色，头顶及腹部偏白；翼上覆羽及肩部白色，飞羽黑色，外侧尾羽羽端白色。雌鸟翼覆羽的白色较少。亚成鸟多褐色。虹膜蓝白色，嘴灰色，脚灰色。

生活习性：栖息于空旷树上。吵嚷成群，常在旷野及花园吃无花果。主食昆虫。

紫翅椋鸟

Sturnus vulgaris

雀形目 椋鸟科

形态特征：体长约 21cm。头辉亮铜绿色，上体紫铜色，下体铜黑色，翅黑褐色，具不同程度白色点斑，羽缘锈色而成扇贝形纹和斑纹，旧羽斑纹多消失。虹膜深褐色，嘴黄色，脚略红色。

生活习性：栖息于绿洲树丛间。结群于开阔地取食，冬季集大群迁徙。主食昆虫。

粉红椋鸟

Pastor roseus

雀形目 椋鸟科

形态特征：体长约 22cm。繁殖期雄鸟亮黑色，背、胸及两胁粉红色。雌鸟图纹相似，但较黯淡。幼鸟上体皮黄色，两翼及尾褐色，下体色浅，嘴黄色。虹膜黑色，嘴粉褐色，脚粉褐色。

生活习性：结大群栖息于干旱的开阔地，追随家畜捕食惊起的昆虫。

橙头地鸫(dōng)

Geokichla citrina

雀形目 鸫科

形态特征： 体长约22cm。雄鸟头、颈背及下体深橙褐色，臀白色，上体蓝灰色，翼具白色横纹。雌鸟上体橄榄灰色。亚成鸟似雌鸟，但背具细纹及鳞状纹。虹膜褐色，嘴略黑色，脚肉色。

生活习性： 性羞怯，喜多荫森林，常躲藏在浓密覆盖下的地面。主食昆虫。

白眉地鸫

dōng

Geokichla sibirica

雀形目 鸫科

形态特征：体长约 23cm。眉纹白色显著。雄鸟石板灰黑色，尾羽羽端及臀白色。雌鸟橄榄褐色，眉纹皮黄白色，下体皮黄白色及赤褐色。虹膜褐色，嘴黑色，脚黄色。

生活习性：栖息于森林地面及树间。性活泼，有时结群。主食昆虫。

虎斑地鸫(dōng)

Zoothera aurea

雀形目 鸫科

形态特征：体长约 28cm。上体褐色，下体白色，黑色及金皮黄色的羽缘使其通体满布鳞状斑纹。虹膜褐色，嘴深褐色，脚带粉色。

生活习性：栖息于茂密森林，于森林地面取食。主食昆虫，也吃果实和种子。

灰背鸫

dōng

Turdus hortulorum

雀形目 鸫科

形态特征：体长约 24cm。雄鸟上体全灰色，喉灰色或偏白色，胸灰色，腹中心及尾下覆羽白色，两胁及翼下橘黄色。雌鸟上体褐色较重，喉及胸白色，胸侧及两胁具黑色点斑。虹膜褐色，嘴黄色，脚肉色。

生活习性：常在林地及公园的腐叶间跳动，甚惧生。主食昆虫和果实。

黑胸鸫

dōng

Turdus dissimilis

雀形目 鸫科

形态特征：体长约23cm。雄鸟整个头、上背及胸黑色，背深灰色，翼及尾黑色，下胸及两胁为鲜亮栗色，腹中央及臀白色。雌鸟上体深橄榄色，颏白色，喉具黑色及白色细纹，胸橄榄灰色并具黑色点斑，胸部灰色，臀白色，翼近黑色，尾深橄榄色。虹膜褐色，嘴黄色至橘黄色，脚黄色至橘黄色。

生活习性：栖息于丘陵地带，多在乔本和灌丛间活动。性孤单羞怯，多在地面取食。主食昆虫、果实和种子。

乌灰鸫(dōng)

Turdus cardis

雀形目 鸫科

形态特征：体长约 21cm。雄鸟上体纯黑灰色，头及上胸黑色，下体余部白色，腹部及两胁具黑色点斑。雌鸟上体灰褐色，下体白色，上胸具偏灰色的横斑，胸侧及两胁沾赤褐色，胸及两侧具黑色点斑。幼鸟褐色较浓，下体多赤褐色。雌鸟与黑胸鸫的区别在腰灰色，黑色点斑延至腹部。虹膜褐色，雄鸟嘴黄色，雌鸟嘴近黑色，脚肉色。

生活习性：栖息于落叶林，藏身于稠密植物丛。甚羞怯，一般独处，迁徙时结小群。主食昆虫和果实。

灰翅鸫

Turdus boulboul

雀形目 鸫科

形态特征：体长约28cm。雄鸟似乌鸫，但宽阔的灰色翼纹与其余体羽成对比。腹部黑色具灰色鳞状纹，嘴比乌鸫的橘黄色多，眼圈黄色。雌鸟全橄榄褐色，翼上具浅红褐色斑。虹膜褐色，嘴橘黄色，脚黯褐色。

生活习性：一般栖息于海拔1200—3000m的湿润而稠密的阔叶林，冬季常出没于树林、灌丛和乡村的田园里。杂食性，食物包括昆虫、蚯蚓及草莓等。

乌鸫（dōng）

Turdus mandarinus

雀形目 鸫科

形态特征：体长约 29cm。雄鸟全黑色，嘴橘黄色，眼圈略浅，脚黑色。雌鸟上体黑褐色，下体深褐色，嘴黑色，脚褐色。虹膜褐色。

生活习性：于地面取食，在树叶中翻找蠕虫等无脊椎动物，冬季也吃果实。

白眉鸫(dōng)

Turdus obscurus

雀形目 鸫科

形态特征：体长约23cm。白色眉纹明显，上体橄榄褐色，头深灰色，胸带褐色，腹白色而两侧沾赤褐色。虹膜褐色，嘴基部黄色，嘴端黑色，脚偏黄至深肉棕色。

生活习性：栖息于阴暗潮湿的针叶林、阔叶林和混交林。于低矮树丛及林间活动。性活泼喧闹。主食昆虫和果实。

白腹鸫(dōng)

Turdus pallidus

雀形目 鸫科

形态特征：体长约 24cm。腹部及臀白色；雄鸟头及喉灰褐色，雌鸟头褐色，喉偏白色而略具细纹，翼衬灰色或白色；无浅色眉纹，胸及两胁褐灰色，外侧两枚尾羽的羽端白色甚宽。虹膜褐色，上嘴灰色，下嘴黄色，脚浅褐色。

生活习性：栖息于低地森林和次生植被。性羞怯，藏匿于林下。主食昆虫，也吃果实和种子。

dōng
赤胸鸫

Turdus chrysolaus

雀形目 鸫科

形态特征：体长约 24cm。上体、翼及尾全褐色，胸及两胁均黄褐色，腹部及臀白色，无白色眉纹。雄鸟头及喉近灰色，雌鸟头褐色，喉偏白色。虹膜褐色，嘴角质色，下颚较浅，脚黄褐色。

生活习性：喜混合型灌丛、林地及有稀疏林木的开阔地带。主食昆虫。

红尾斑鸫

dōng

Turdus naumanni

雀形目 鸫科

形态特征：体长约25cm。上体橄榄褐色，眉纹黄褐色，具浅棕色的翼线和棕色的宽阔翼斑；胸、两胁和臀部白色而具红棕色菱状斑，尾羽偏红色。虹膜黑褐色，上嘴偏黑色，下嘴黄色，脚褐色。

生活习性：栖息于开阔的多草地带及田野。冬季成大群。主食昆虫。

斑鸫

dōng

Turdus eunomus

雀形目 鸫科

形态特征：体长约25cm。雄鸟具粗白色眉纹，背部橄榄褐色，具黑色点斑，耳羽及胸上横纹黑色而与白色的喉、眉纹及臀成对比，下腹部黑色而具白色鳞状斑纹，在胸部和两胁形成黑带。雌鸟褐色及皮黄色较暗淡，斑纹同雄鸟。虹膜褐色，上嘴偏黑色，下嘴黄色，脚褐色。

生活习性：栖息于开阔的多草地带及田野。冬季成大群。主食昆虫。

宝兴歌鸫(dōng)

Turdus mupinensis

雀形目 鸫科

形态特征：体长约 23cm。上体褐色，下体皮黄色而具明显的黑点；耳羽后侧具黑色斑块，白色的翼斑醒目。虹膜褐色，嘴污黄色，脚暗黄色。

生活习性：一般栖息于林下灌丛。单独或结小群。甚惧生。主食昆虫。

绿宽嘴鸫（dōng）

Cochoa viridis

雀形目 鸫科

形态特征：体长约28cm。头绿蓝色，眼纹黑色，翼黑色，覆羽及翼斑蓝色，尾蓝色而端黑色，余部闪辉绿色。雌鸟翼斑多绿色。虹膜深褐色，嘴黑色，脚粉红色。

生活习性：林栖型，显懒散。在树冠中找食果实及昆虫。

保护级别：国家二级保护野生动物。

日本歌鸲(qú)

Larvivora akahige

雀形目 鹟科

形态特征： 体长约 15cm。上体褐色，前额、脸、颏、喉及胸橘黄色，两胁近灰色。雄鸟具狭窄的黑色项纹将胸部橘黄色和灰色分开。雌鸟似雄鸟，但色较暗淡。亚成鸟褐色，具鳞状斑纹。虹膜褐色，嘴黑色，脚粉红色。

生活习性： 栖息于山地混交林和阔叶林，在地上和接近地面的灌木或树桩上活动。主食昆虫。

红尾歌鸲(qú)

Larvivora sibilans

雀形目 鹟科

形态特征：体长约 13cm。上体橄榄褐色，尾棕色，下体近白色，胸部具橄榄色扇贝形纹。虹膜色，嘴黑色，脚粉褐色。

生活习性：占域性甚强，常栖息于森林中茂密多荫的地面或低矮植被处，尾颤动有力。主食昆虫、蚂蚁和蜘蛛。

蓝歌鸲(qú)

Larvivora cyane

雀形目 鹟科

形态特征：体长约 14cm。雄鸟上体青石蓝色，宽宽的黑色过眼纹延至颈侧和胸侧，下体白色。雌鸟上体橄榄褐色，喉及胸褐色并具皮黄色鳞状斑纹，腰及尾上覆羽沾蓝色。亚成鸟及部分雌鸟的尾及腰具些许蓝色。虹膜褐色，嘴黑色，脚粉白色。

生活习性：栖息于密林的地面或近地面处。主食昆虫。

红喉歌鸲(qú)

Calliope calliope

雀形目 鹟科

形态特征：体长约 16cm。具醒目的白色眉纹和颊纹，尾褐色，两胁皮黄色，腹部皮黄白色。雌鸟胸带近褐色，头部黑白色条纹独特。成年雄鸟的特征为喉红色。虹膜褐色，嘴深褐色，脚粉褐色。

生活习性：栖息于森林密丛及次生植被，一般在近溪流处。

保护级别：国家二级保护野生动物。

蓝喉歌鸲(qú)

Luscinia svecica

雀形目 鹟科

形态特征： 体长约 14cm。雄鸟特征为喉部具栗色、蓝色及黑白色图纹，眉纹近白色，外侧尾羽基部棕色。上体灰褐色，下体白色，尾深褐色。雌鸟喉白色而无橘黄色及蓝色，黑色的细颊纹与由黑色点斑组成的胸带相连。幼鸟暖褐色，具锈黄色点斑。虹膜深褐色，嘴深褐色，脚粉褐色。

生活习性： 栖息于近水灌丛。走似跳，性隐怯，不时地停下抬头及闪尾。站势直，飞行快速。多取食于地面，主食昆虫，也吃种子。

保护级别： 国家二级保护野生动物。

红胁蓝尾鸲(qú)

Tarsiger cyanurus

雀形目 鹟科

形态特征：体长约 15cm。特征为橘黄色两胁与白色腹部及臀成对比。雄鸟上体蓝色，眉纹白色，喉白色；亚成鸟及雌鸟褐色，尾蓝色。雌鸟与雌性蓝歌鸲的区别在于其喉褐色，具白色中线，两胁橘黄色而非皮黄色。虹膜褐色，嘴黑色，脚灰色。

生活习性：栖息于湿润山地森林及次生林的林下低处。主食昆虫。

蓝眉林鸲(qú)

Tarsiger rufilatus

雀形目 鹟科

形态特征：体长约 15cm。雄鸟头部至上背深蓝色，眉纹亮蓝色；喉纯白色，胸腹白色带灰色，与喉部对比明显；两胁橙黄色，翅膀不沾褐色而尖端黑色；无翼斑，小覆羽、腰部和尾亮蓝色，尾端色深。雌鸟和上体橄榄褐色，眉纹不明显或隐约细长而灰白色，眼圈浅色，喉部纯白色；两胁橙黄色，翅膀同上体颜色且无翼斑；胸及两侧褐色，腹灰白色，腰部和尾亮蓝色。虹膜褐色，嘴黑色，脚深色。

生活习性：迁徙季节和冬季栖息于中低山和平原地带次生林、疏林的林缘、灌丛中。主要以昆虫为食。

白喉短翅鸫(dōng)

Brachypteryx leucophris

雀形目 鹟科

形态特征：体长约 13cm。腿长，外形似画眉。具模糊的浅色半隐蔽眉纹，眼圈皮黄色，嘴厚，尾较蓝短翅鸫短。雌鸟上体红褐色，胸及两胁沾红褐色而具鳞状纹，喉及腹部白色。亚成鸟具细纹及点斑。虹膜褐色，嘴深褐色，脚粉紫色。

生活习性：栖息于林下密丛及森林地面。性羞怯，甚喜叫。不易被激起，仅在栖息处鸣叫且尾立起并扇开时可见到。主食昆虫和小型螺蛳。

蓝短翅鸫(dōng)

Brachypteryx montana

雀形目 鹟科

形态特征：体长约 15cm。雄鸟上体深青石蓝色，白色的眉纹明显，下体浅灰色，尾及翼黑色，肩具白色块斑。雌鸟通体灰褐色，眼圈、眼先及两翼和尾羽红棕色，下体深灰色，尾下覆羽红棕色。虹膜褐色，嘴黑色，脚肉色略沾灰色。

生活习性：性羞怯，栖息于植被茂密的地面，常近溪流。有时栖息于开阔林间空地、山顶多岩的裸露斜坡。主食昆虫。

鹊鸲

qú

Copsychus saularis

雀形目 鹟科

形态特征：体长约 20cm。雄鸟头、胸及背闪辉蓝黑色，两翼及中央尾羽黑，外侧尾羽及覆羽上的条纹白色，腹及臀亦白色。雌鸟似雄鸟，但暗灰色取代黑色。亚成鸟似雌鸟，但为杂斑。虹膜褐色，嘴及脚黑色。

生活习性：常光顾花园、村庄、次生林、开阔森林及红树林。飞行时易见，栖息于显著处鸣唱或炫耀。取食多在地面，不停地把尾低放展开又骤然合拢伸直。主食昆虫，也吃蜘蛛、蜈蚣、果实和种子。

北红尾鸲（qú）

Phoenicurus auroreus

雀形目 鹟科

形态特征：体长约15cm。具明显而宽大的白色翼斑。雄鸟眼先、头侧、喉、上背及两翼褐黑色，仅翼斑白色；头顶及颈背灰色而具银色边缘；体羽余部栗褐色，中央尾羽深黑褐色。雌鸟褐色，白色翼斑显著，眼圈及尾皮黄色似雄鸟，但色较黯淡。臀部有时为棕色。虹膜褐色，嘴黑色，脚黑色。

生活习性：夏季栖息于亚高山森林、灌木丛及林间空地，冬季栖息于低地落叶矮树丛及耕地。常立于突出的栖息处，尾颤动不停。主食昆虫。

红尾水鸲（qú）

Rhyacornis fuliginosa

雀形目 鹟科

形态特征：体长约 14cm。雄鸟腰、臀及尾栗褐色，其余部位深青石蓝色。雌鸟上体灰色，眼圈色浅；下体白色，灰色羽缘成鳞状斑纹，臀、腰及外侧尾羽基部白色，尾余部黑色；两翼黑色，覆羽及三级飞羽羽端具狭窄白色。幼鸟灰色上体具白色点斑。虹膜深褐色，嘴黑色，脚褐色。

生活习性：单独或成对活动，多栖息于多砾石的溪流及两旁。尾常摆动。领域性强，但常与河乌、溪鸲或燕尾混群。主食昆虫。

白顶溪鸲(qú)

Chairnarrovnis leucocephalus

雀形目 鹟科

形态特征：体长约 19cm。头顶及颈背白色，腰、尾基部及腹部栗色。亚成鸟色暗而近褐色，头顶具黑色鳞状斑纹。虹膜褐色，嘴黑色，脚黑色。

生活习性：栖息于山间溪流及河流，常立于水中或于近水的突出岩石上，降落时不停地点头，尾不停抽动。求偶时作奇特的摆晃头部的炫耀。主食昆虫。

紫啸鸫(dōng)

Myophoneus caeruleus

雀形目 鹟科

形态特征：体长约32cm。通体蓝黑色，仅翼覆羽具少量的浅色点斑。翼及尾沾紫色闪辉，头及颈部的羽尖具闪光小羽片。虹膜褐色，嘴黄色或黑色，脚黑色。

生活习性：栖息于临近河流、溪流或密林多岩石露出处。地面取食，受惊时慌忙逃至覆盖下并发出尖厉的警叫声。主食昆虫、小螃蟹，也吃浆果等。

小燕尾

Enicurus scouleri

雀形目 鹟科

形态特征：体长约 13cm。尾短而叉浅，头顶白色、翼上白色条带延至下部。虹膜褐色，嘴黑色，脚粉白色。

生活习性：甚活跃。栖息于林中多岩石的溪流，尤其是瀑布周围。尾有节律地上下摇摆或扇开似红尾水鸲。营巢于瀑布后。主食昆虫。

灰背燕尾

Enicurus schistaceus

雀形目 鹟科

形态特征：体长约 23cm。与其他燕尾区别在其头顶及背灰色。幼鸟头顶及背青石深褐色，胸部具鳞状斑纹。虹膜褐色，嘴黑色，脚粉红色。

生活习性：常立于林间多砾石的溪流旁。主食水生昆虫、蚂蚁、毛虫和螺类。

白额燕尾

Enicurus leschenaulti

雀形目 鹟科

形态特征：体长约 25cm。前额和顶冠白色，其羽有时耸起成小凤头状；头余部、颈背及胸黑色；腹部、下背及腰白色；两翼和尾黑色，尾叉甚长而羽端白色；两枚最外侧尾羽全白色。虹膜褐色，嘴黑色，脚偏粉色。

生活习性：性活跃好动，喜多岩石的湍急溪流及河流。停于岩石或在水边行走，寻找食物时并不停地展开叉形长尾。主食昆虫。

斑背燕尾

Enicurus maculatus

雀形目 鹟科

形态特征：体长约27cm。背上具圆形白色点斑而有别于其他燕尾。虹膜褐色，嘴黑色，脚粉白色。

生活习性：较其他燕尾更喜山区。常栖息于多岩石的小溪流。多成对活动。主食昆虫。

黑喉石䳭(jī)

Saxicola maurus

雀形目 鹟科

形态特征：体长约 14cm。雄鸟头部及飞羽黑色，背深褐色，颈及翼上具粗大的白斑，腰白色，胸棕色。雌鸟色较暗而无黑色，下体皮黄色，仅翼上具白斑。

生活习性：喜开阔的生境，如农田、花园及次生灌丛。常栖息于突出的低树枝以跃下地面捕食猎物。主食昆虫、蚯蚓、蜘蛛和种子。

灰林䳭

Saxicola ferreus

雀形目 鹟科

形态特征：体长约 15cm。雄鸟特征为上体灰色斑驳，醒目的白色眉纹及黑色脸罩与白色的颏及喉成对比；下体近白色，烟灰色胸带及至两胁；翼及尾黑色；飞羽及外侧尾羽羽缘灰色，内覆羽白色，飞行时可见；停息时背羽有褐色缘饰；旧羽灰色重。雌鸟似雄鸟，但褐色取代灰色，腰栗褐色。幼鸟似雌鸟，但下体褐色具鳞状斑纹。虹膜深褐色，嘴灰色，脚黑色。

生活习性：喜开阔灌丛及耕地，在同一地点长时间停栖。尾摆动。在地面或于飞行中捕捉昆虫。

蓝矶鸫

dōng

Monticola solitarius

雀形目 鹟科

形态特征：体长约 23cm。雄鸟暗蓝灰色，具淡黑色及近白色的鳞状斑纹，腹部及尾下深栗色，上体蓝色较暗。雌鸟上体灰色沾蓝色，下体皮黄色而密布黑色鳞状斑纹。亚成鸟似雌鸟但上体具黑白色鳞状斑纹。虹膜褐色，嘴黑色，脚黑色。

生活习性：常栖息于岩石、房屋柱子及枯树等突出位置，冲向地面捕捉昆虫。

栗腹矶鸫
dōng

Monticola rufiventris

雀形目 鹟科

形态特征：体长约 24cm。雄鸟脸具黑色脸斑，上体蓝色，颏、喉、尾蓝色，下体余部鲜艳栗色。雌鸟褐色，上体具近黑色的扇贝形斑纹，下体满布深褐及皮黄色扇贝形斑纹。幼鸟具赭黄色点斑及褐色的扇贝形斑纹。虹膜深褐色，嘴黑色，脚黑褐色。

生活习性：主要栖息于海拔 1500—3000m 的山地常绿阔叶林、针阔混交林和针叶林中。常单独或成对活动，偶见集成小群。主要以昆虫为食。

白喉矶鸫

dōng

Monticola gularis

雀形目 鹟科

形态特征： 体长约 19cm。雄鸟蓝色限于头顶、颈背及肩部的闪斑；头侧黑色，喉白色，具白色翼纹，下体多橙栗色。雌鸟上体具黑色粗鳞状斑纹，眼先色浅。虹膜褐色，嘴近黑色，脚黯橘黄色。

生活习性： 栖息于混交林、针叶林或多草的多岩地区。性甚安静而温驯，常长时间静立不动。冬季结群。主食昆虫。

灰纹鹟（wēng）

Muscicapa griseisticta

雀形目 鹟科

形态特征：体长约 14cm。眼圈白色，额具狭窄白色横带。翼长，几至尾端，具狭窄的白色翼斑。下体白色，无半颈环，胸及两胁满布深灰色纵纹。虹膜褐色，嘴黑色，脚黑色。

生活习性：性惧生，栖息于密林、开阔森林及林缘、城市公园溪流附近。主食昆虫。

乌鹟

wēng

Muscicapa sibirica

雀形目 鹟科

形态特征：体长约 13cm。上体深灰色，翼上具不明显皮黄色斑纹，下体白色，两胁深色具烟灰色杂斑，上胸具灰褐色模糊带斑；白色眼圈明显，喉白色，通常具白色的半颈环；下脸颊具黑色细纹，翼长至尾的2/3。亚成鸟脸及背部具白色点斑。虹膜深褐色，嘴黑色，脚黑色。

生活习性：栖息于森林的林下植被层及林间。常立于裸露低枝，捕捉过往昆虫。

北灰鹟

wēng

Muscicapa dauurica

雀形目 鹟科

形态特征：体长约 13cm。上体灰褐色，下体偏白，胸侧及两胁褐灰色，眼圈白色，冬季眼先偏白色。新羽具狭窄白色翼斑，翼尖延至尾的中部。虹膜褐色，嘴黑色，下嘴基黄色，脚黑色。

生活习性：主要栖息于落叶阔叶林、针阔混交林和针叶林。以昆虫为食。

褐胸鹟

wēng

Muscicapa muttui

雀形目 鹟科

形态特征：体长约 14cm。具黄褐色胸斑；眼先及眼圈白色，深色的条纹将白色的颊纹与白色颏及喉隔开；无翼斑，腿色淡，下颚黄色，腰偏红色，臀皮黄色，翼羽羽缘棕色。虹膜深褐色，上嘴色深，下嘴黄色，脚暗黄色。

生活习性：栖息于茂密树丛及竹林。性隐蔽。主食昆虫。

棕尾褐鹟(wēng)

Muscicapa ferruginea

雀形目 鹟科

形态特征：体长约 13cm。眼圈皮黄色，喉块白色，头石板灰色，背褐色，腰棕色，下体白色，胸具褐色横斑，两胁及尾下覆羽棕色；通常具白色的半颈环；三级飞羽及大覆羽羽缘棕色。虹膜褐色，嘴黑色，脚灰色。

生活习性：性惧生，喜栖息于林间空地及溪流两岸。主食昆虫。

白眉姬鹟

wēng

Ficedula zanthopygia

雀形目 鹟科

形态特征：体长约 13cm。雄鸟腰、喉、胸及上腹黄色，眉线及翼斑白色，下腹、尾下覆羽白色，其余黑色。雌鸟上体暗褐色，下体色较淡，腰暗黄色。虹膜褐色，嘴黑色，脚黑色。

生活习性：喜栖息于灌丛及近水林地。主食昆虫。

黄眉姬鹟

wēng

Ficedula narcissina

雀形目 鹟科

形态特征：体长约13cm。雄鸟上体黑色，眉纹黄色，腰黄色，翼具白色块斑，下体多为橘黄色。雌鸟上体橄榄灰色，尾棕色，下体浅褐色沾黄色，腰无黄色。虹膜褐色，嘴蓝黑色，脚铅蓝色。

生活习性：具鹟类的典型特性，在树的顶层捕食昆虫。

绿背姬鹟(wēng)

Ficedula elisae

雀形目 鹟科

形态特征：体长约 13cm。雄鸟上体及背部橄榄绿色，眼先黄色，眼圈亮黄色，眉纹明黄色，翼具白色块斑，腰、下腹部及尾下覆羽亮黄色。雌鸟上体暗橄榄绿色，尾棕色，下体浅褐色沾黄色，无黄色腰和白色块状翼斑。虹膜暗褐色，嘴黑褐色或黑色，脚铅蓝色或黑色。

生活习性：主要栖息于山地阔叶林、针阔混交林和林缘地带，海拔高度可达 2000m 左右。常单独或成对活动，多在树冠层活动，主要以昆虫为食。

qú wēng
鸲姬鹟

Ficedula mugimaki

雀形目 鹟科

形态特征：体长约13cm。雄鸟上体灰黑色，狭窄的白色眉纹于眼后；翼上具明显的白斑，尾基部羽缘白色；喉、胸及腹侧橘黄色；腹中心及尾下覆羽白色。雌鸟上体包括腰褐色，下体似雄鸟但色淡，尾无白色。亚成鸟上体全褐色，下体及翼纹皮黄色，腹白色。虹膜深褐色，嘴暗角质色，脚深褐色。

生活习性：喜林缘地带、林间空地及山区森林。尾常抽动并扇开。主食昆虫。

红胸姬鹟（wēng）

Ficedula parva

雀形目 鹟科

形态特征： 体长约 13cm。繁殖季雄鸟喉部的橘黄色一直延伸到胸部上方，但冬季难见，脸颊偏灰色。雌鸟及非繁殖期雄鸟暗灰褐色，喉近白色，眼圈狭窄白色。尾及尾上覆羽黑色。虹膜深褐色，嘴黑色，脚黑色。

生活习性： 栖息于林缘及河流两岸小树上，受惊时冲至隐蔽处。主食昆虫。

红喉姬鹟(wēng)

Ficedula albicilla

雀形目 鹟科

形态特征：体长约 12cm。雄鸟上体褐色，眼先、眼周白色；头偏灰色，颏、喉繁殖期间橙红色，胸淡灰色；下体至尾下覆羽白色，尾部黑色和两侧尾羽基部白色，非繁殖期颏、喉变为白色。雌鸟色较淡，颏、喉白色，胸腹白色且胸部染灰色，其余同雄鸟。虹膜黑色，嘴黑色，脚黑色。

生活习性：主要栖息于低山丘陵和山脚平原地带，非繁殖季节多见于林缘、疏林灌丛、次生林和庭院与农田附近林内，尤其在溪流和林区公路附近疏林灌丛中常见。主食昆虫。

白腹蓝鹟(wēng)

Cyanoptila cyanomelana

雀形目 鹟科

形态特征：体长约 17cm。雄鸟脸、喉及上胸近黑色，上体闪光钴蓝色，下胸、腹及尾下的覆羽白色。外侧尾羽基部白色，深色的胸与白色腹部截然分开。雌鸟上体灰褐色，两翼及尾褐色，喉中心及腹部白色。雄性幼鸟的头、颈背及胸近烟褐色，但两翼、尾及尾上覆羽蓝色。虹膜褐色，嘴及脚黑色。

生活习性：喜原始林和次生林，在高林层取食。主食昆虫，也吃果实和种子。

白腹暗蓝鹟(wēng)

Cyanoptila cumatilis

雀形目 鹟科

形态特征：体长约 16cm。雄鸟头顶天蓝色，其余上体蓝绿色，脸、颏、喉及上胸蓝青色。雌鸟似雄鸟但蓝色部分为褐色且与胸腹白色界限模糊。虹膜黑褐色，嘴黑色，脚黑色。

生活习性：多单独或成对栖息于山地阔叶林林缘、疏林。主食昆虫。

铜蓝鹟(wēng)

Eumyias thalassinus

雀形目 鹟科

形态特征：体长约17cm。全身绿蓝色，雄鸟眼先黑色；雌鸟色暗，眼先暗黑色。雄雌两性尾下覆羽均具偏白色鳞状斑纹。亚成鸟灰褐色沾绿色，具皮黄色及近黑色的鳞状纹及点斑。与雄性纯蓝仙鹟的区别在嘴较短，绿色较浓，蓝灰色的臀具偏白色的鳞状斑纹。虹膜褐色，嘴黑色，脚近黑色。

生活习性：喜开阔森林或林缘空地，在裸露栖息处捕食过往昆虫。

白喉林鹟(wēng)

Cyornis brunneatus

雀形目 鹟科

形态特征：体长约 15cm。胸带浅褐色，颈近白色而略具深色鳞状斑纹，上颚近黑色，下颚色浅，下颚基部偏黄色。亚成鸟上体皮黄色而具鳞状斑纹，下颚尖端黑色。虹膜褐色，脚粉红色。

生活习性：栖息于林缘下层、茂密竹丛、次生林及人工林。

保护级别：国家二级保护野生动物。

海南蓝仙鹟(wēng)

Cyornis hainanus

雀形目 鹟科

形态特征：体长约15cm。雄鸟暗蓝色，褪至下体的白色，额及肩部色较鲜亮。雄鸟亚成体喉近白色。雌鸟上体褐色，腰、尾及次级飞羽沾棕色，眼先及眼圈皮黄色，下体胸部暖皮黄色渐变至腹部及尾下的白色。虹膜褐色，嘴黑色，脚粉红色。

生活习性：主要栖息于低山常绿阔叶林、次生林和林缘灌丛，喜低地常绿林的中高层。主食昆虫，也吃叶片。

棕腹大仙鹟（wēng）

Niltava davidi

雀形目 鹟科

形态特征：体长约18cm。雄鸟上体深蓝色，下体棕色，脸黑色，额、颈侧小块斑、翼角及腰部亮丽闪辉蓝色。雌鸟灰褐色，尾及两翼棕褐色，喉上具白色项纹，颈侧具辉蓝色小块斑。虹膜褐色，嘴黑色，脚黑色。

生活习性：多在林下灌丛和树冠下层，单独或成对活动。主要以昆虫为食，也吃植物果实和种子。

保护级别：国家二级保护野生动物。

小仙鹟(wēng)

Niltava macgrigoriae

雀形目 鹟科

形态特征：体长约14cm。雄鸟深蓝色，脸侧及喉黑色，前额、颈侧及腰为闪辉蓝色；胸蓝色，臀白色。雌鸟褐色，颈侧具闪辉蓝色斑块，喉皮黄色，项纹浅皮黄色，颈背褐色，翼及尾棕色。虹膜褐色，嘴黑色，脚黑色。

生活习性：栖息于林下茂密灌丛。主食昆虫。

戴菊

Regulus regulus

雀形目 戴菊科

形态特征：体长约 9cm。以金黄色或橙红色（雄鸟）的顶冠纹及两侧缘以黑色侧冠纹为特征。上体橄榄绿色至黄绿色，翼上具黑白色图案；下体偏灰或淡黄白色，两肋黄绿色；眼周浅色，使其看似眼小且表情茫然。幼鸟无头顶冠纹，无过眼纹或眉纹，且头大，眼周灰色，眼小似珠。虹膜褐色，嘴黑色，脚偏褐色。

生活习性：通常单独栖息于针叶林的林冠下层。主食昆虫，也吃种子。

太平鸟

Bombycilla garrulus

雀形目 太平鸟科

形态特征：体长约 18cm。尾尖端为黄色，尾下覆羽栗色，初级飞羽羽端外侧黄色而成翼上的黄色带，三级飞羽羽端及外侧覆羽羽端白色而成白色横纹。成鸟次级飞羽的羽端具蜡样红色点斑。虹膜褐色，嘴褐色，脚褐色。

生活习性：群栖性。喜食蔷薇科植物果实及其他浆果。春夏季以昆虫为食。有时暴食致难以飞行。主食果实和种子。

小太平鸟

Bombycilla japonica

雀形目 太平鸟科

形态特征：体长约 16cm。尾端绯红色显著，黑色的过眼纹绕过冠羽延伸至头后，臀绯红色。次级飞羽端部无蜡样附着，但羽尖绯红。缺少黄色翼带。虹膜褐色，嘴近黑色，脚褐色。

生活习性：结群在果树及灌丛间活动。主食果实和种子。

丽星鹩鹛

liáo méi

Elachura formosa

雀形目 丽星鹩鹛科

形态特征：体长约 10cm。上体深褐色而带白色小点斑，两翼及尾具棕色及黑色横斑。下体皮黄褐色，多黑色蠹斑及白色小点斑。虹膜深褐色，嘴角质褐色，脚角质褐色。

生活习性：性隐蔽，常隐匿于山区常绿林的林下层。主食昆虫。

橙腹叶鹎（bēi）

Chloropsis hardwickii

雀形目 叶鹎科

形态特征：体长约 20cm。雄鸟上体绿色，下体浓橘黄色，两翼及尾蓝色，脸罩及胸兜黑色，髭纹蓝色。雌鸟不似雄鸟显眼，体多绿色，髭纹蓝色，腹中央具一道狭窄的赭石色条带。虹膜褐色，嘴黑色，脚灰色。

生活习性：性活跃，以昆虫为食，栖息于森林各层。

纯色啄花鸟

Dicaeum concolor

雀形目 啄花鸟科

形态特征：体长约 8cm。上体橄榄绿色，下体偏浅灰色，腹中心奶油色，翼角具白色羽簇。嘴细，下体无纵纹。虹膜褐色，嘴黑色，脚深蓝灰色。

生活习性：栖息于山地森林、次生植被及耕作区，常光顾槲类植物。主食昆虫、果实和花蜜。

红胸啄花鸟

Dicaeum ignipectus

雀形目 啄花鸟科

形态特征： 体长约 9cm。雄鸟上体闪辉深绿蓝色，下体皮黄色。胸具猩红色的块斑，一道狭窄的黑色纵纹沿腹部而下。雌鸟下体赭皮黄色。虹膜褐色，嘴及脚黑色。

生活习性： 栖息于热带、亚热带的山地林、耕地、种植园和高海拔疏灌丛。除繁殖期单独或成对活动外，其他季节多成小群，活动于树顶。主食昆虫、蜘蛛和花蜜。

朱背啄花鸟

Dicaeum cruentatum

雀形目 啄花鸟科

形态特征：体长约 9cm。雄鸟顶冠、背及腰猩红色，两翼、头侧及尾黑色，两胁灰色，下体余部白色。雌鸟上体橄榄色，腰及尾上覆羽猩红色，尾黑色。亚成鸟青灰色，嘴橘黄色，腰略沾暗橘黄色。虹膜褐色，嘴黑绿色，脚黑绿色。

生活习性：性活跃，频频光顾次生林、果园及人工林中。主食昆虫和果实。

蓝喉太阳鸟

Aethopyga gouldiae

雀形目 花蜜鸟科

形态特征： 体长约 14cm。雄鸟蓝色尾有延长，胸猩红色。雌鸟上体橄榄色，下体绿黄色，颏及喉烟橄榄色。腰浅黄色。虹膜褐色，嘴黑色，脚褐色。

生活习性： 栖息于杜鹃、悬钩子和灌丛。主食花蜜，也吃昆虫。

叉尾太阳鸟

Aethopyga christinae

雀形目 花蜜鸟科

形态特征：体长约 10cm。顶冠及颈背金属绿色，上体橄榄色或近黑色，腰黄色；尾上覆羽及中央尾羽闪辉金属绿色，中央两尾羽有尖细的延长，外侧尾羽黑色而端白；头侧黑色而具闪辉绿色的髭纹和绛紫色的喉斑；下体余部污橄榄白色。雌鸟甚小，上体橄榄色，下体浅绿黄色。虹膜褐色，嘴黑色，脚黑色。

生活习性：栖息于森林及有林地区甚至城镇，常光顾开花的矮丛及树木。主食花蜜，也吃昆虫。

白腰文鸟

Lonchura striata

雀形目 梅花雀科

形态特征：体长约 11cm。特征为具尖形的黑色尾，腰白色。上体深褐色，背上有白色纵纹；下体具细小的皮黄色鳞状斑及细纹，腹部皮黄白色。亚成鸟色较淡，腰皮黄色。虹膜褐色，嘴灰色，脚灰色。

生活习性：性喧闹吵嚷，结小群生活。主食果实和种子。

斑文鸟

Lonchura punctulata

雀形目 梅花雀科

形态特征：体长约 10cm。上体褐色，羽轴白色而成纵纹，喉红褐色，下体白色，胸及两胁具深褐色鳞状斑。亚成鸟下体浓皮黄色而无鳞状斑。虹膜红褐色，嘴蓝灰色，脚灰黑色。

生活习性：常光顾耕地、稻田、花园及次生灌丛等。成对或与其他文鸟混成小群。具典型的文鸟摆尾习性，活泼好飞。主食种子，也吃昆虫。

山麻雀

Passer cinnamomeus

雀形目 雀科

形态特征：体长约 14cm。雄鸟顶冠及上体为鲜艳的黄褐色或栗色，上背具纯黑色纵纹，喉黑色，脸颊污白色。雌鸟色较暗，具深色的宽眼纹及奶油色的长眉纹。虹膜褐色，雄鸟嘴灰色，雌鸟嘴黄色而嘴端色深，脚粉褐色。

生活习性：结群栖息于高地的开阔林、林地或近耕地灌丛。主食昆虫、果实和种子。

麻雀

Passer montanus

雀形目 雀科

形态特征：体长约 14cm。顶冠及颈背褐色。成鸟上体近褐色，下体皮黄灰色，颈背具完整的灰白色领环。脸颊具明显黑色点斑且喉部黑色较少。幼鸟似成鸟但色较黯淡，嘴基黄色。虹膜深褐色，嘴黑色，脚粉褐色。

生活习性：栖息于有稀疏树木的地区、村庄和农田。主食昆虫、果实和种子。

山鹡鸰

jí líng

Dendronanthus indicus

雀形目 鹡鸰科

形态特征：体长约 17cm。上体灰褐色，眉纹白色；两翼具黑白色的粗显斑纹；下体白色，胸上具两道黑色的横斑纹，较下的一道横纹有时不完整。虹膜灰色，嘴角质褐色，下嘴色较淡，脚偏粉色。

生活习性：单独或成对在开阔森林地面穿行，也停栖树上。主要以昆虫为食。

西黄鹡鸰

jí líng

Motacilla flava

雀形目 鹡鸰科

形态特征：体长约 18cm。背橄榄绿色或橄榄褐色，尾较短，飞行时无白色翼纹，腰黄色。非繁殖期体羽褐色较重。雌鸟及亚成鸟无黄色的臀部。亚成鸟腹部白色。虹膜褐色，嘴褐色，脚褐色至黑色。

生活习性：喜稻田、沼泽边缘及草地。常结成大群。主食昆虫。

黄鹡鸰

jí líng

Motacilla tschutschensis

雀形目 鹡鸰科

形态特征：体长约 18cm。背橄榄绿色或橄榄褐色，尾较短，腰黄色，飞行时无白色翼纹，头顶及颈背深蓝灰色，眉纹及喉白色。非繁殖期体羽褐色较重较暗。雌鸟及亚成鸟无黄色的臀部。亚成鸟上体褐灰色而腹部白。虹膜褐色，嘴褐色，脚褐色至黑色。

生活习性：喜欢停栖于河边或河道岩石。主要以昆虫为食。多在地上捕食，有时亦见其在空中飞行捕食。

黄头鹡鸰

jí líng

Motacilla citreola

雀形目 鹡鸰科

形态特征：体长约 18cm。雄鸟头及下体艳黄色，背灰色，具两道白色翼斑。雌鸟头顶及脸颊灰色。亚成鸟暗淡白色取代成鸟的黄色。虹膜深褐色，嘴黑色，脚近黑色。

生活习性：喜栖息于沼泽草甸、苔原及柳树林丛。主食昆虫。

灰鹡鸰

jí líng

Motacilla cinerea

雀形目 鹡鸰科

形态特征：体长约 19cm。头、上背灰色，颊纹白色而有灰色下缘，腰黄绿色，下体黄色；飞行时白色翼斑和黄色的腰显现，且尾较长。繁殖期雄鸟喉部变黑色，下体黄色，有时仅喉至上胸黄色，尾下覆羽黄色和下体其余部分白色。亚成鸟下体偏白色。虹膜褐色，嘴黑褐色，脚粉灰色。

生活习性：常光顾多岩溪流，在潮湿砾石或沙地觅食，也于高山草甸活动。主食昆虫。

白鹡鸰

jí líng

Motacilla alba

雀形目 鹡鸰科

形态特征： 体长约20cm。体羽上体灰色，下体白色，两翼及尾黑白相间。冬季头后、颈背及胸具黑色斑纹，但不如繁殖期扩展。雌鸟色较暗。亚成鸟灰色取代成鸟的黑色。虹膜褐色，嘴及脚黑色。

生活习性： 栖息于近水的开阔地带、稻田、道路及溪流。受惊扰时飞行骤降并发出示警叫声。主食昆虫。

田鹨（liù）

Anthus richardi

雀形目 鹡鸰科

形态特征：体长约 18cm。站姿挺拔，上体沙黄色多具褐色纵纹，眉纹浅皮黄色；下体皮黄色，胸具深色纵纹。虹膜褐色，上嘴褐色，下嘴带黄色，脚黄褐色，后爪长而直，明显肉色。

生活习性：喜开阔草甸、过火草地及干旱稻田。单独或成小群活动。飞行呈波状，每次飞行均发出叫声。主食昆虫。

布氏鹨

liù

Anthus godlewskii

雀形目 鹡鸰科

形态特征：体长约 18cm。身体紧凑，上体纵纹较多，下体常为较单一的皮黄色；嘴较短而尖利，尾较短，腿及后爪较短，后爪较弯曲；中覆羽羽端较宽而成清晰的翼斑；跗跖比田鹨或理氏鹨短，眼先色较淡且翼长。虹膜深褐色，嘴肉色，脚偏黄色。

生活习性：喜旷野、湖岸及干旱平原。主食昆虫。

树鹨（liù）

Anthus hodgsoni

雀形目 鹡鸰科

形态特征：体长约 15cm。具粗显的白色眉纹；上体纵纹较少，喉及两胁皮黄色，胸及两胁黑色纵纹浓密。虹膜褐色，下嘴偏粉色，上嘴角质色，脚粉红色。

生活习性：比其他的鹨更喜有林的生境，受惊扰时降落于树上。主食昆虫。

北鹨

liù

Anthus gustavi

雀形目 鹡鸰科

形态特征： 体长约 15cm。似树鹨，但背部白色纵纹成两个“V”字形，且褐色较重，黑色的髭纹显著。与红喉鹨的区别在背及翼具白色横斑，腹部较白且尾无白色边缘。虹膜褐色，上嘴角质色，下嘴粉红色，脚粉红色。

生活习性： 喜开阔、湿润的多草地区及沿海森林，有时降落在树上。主食昆虫。

粉红胸鹨（liù）

Anthus roseatus

雀形目 鹡鸰科

形态特征：体长约 15cm。繁殖期眉纹粉红色，眉纹显著，下体粉红色而几无纵纹。非繁殖期头顶灰色，皮黄色的眉纹粗而长，脸颊后部具有浅色耳羽，背灰而具黑色粗纵纹，胸及两胁具浓密的黑色点斑或纵纹，下体白色。柠檬黄色的小翼羽为本种特征。虹膜褐色，嘴灰色，脚偏粉色。

生活习性：通常栖息于近溪流处。姿势比多数鹨较平。主食昆虫。

红喉鹨

liù

Anthus cervinus

雀形目 鹡鸰科

形态特征：体长约 15cm。繁殖期前额、脸颊、颈、喉部和上胸粉红色。非繁殖期颏白色而胸部较多粗黑色纵纹，腹部粉皮黄色，腰部多具纵纹并具黑色斑块。背及翼无白色横斑。虹膜褐色，嘴角质色，基部黄色，脚肉色。

生活习性：喜湿润的耕作区，包括稻田。主食种子，也吃昆虫。

黄腹鹨

liù

Anthus rubescens

雀形目 鹡鸰科

形态特征：体长约 15cm。繁殖期下体皮黄色，纵纹稀少，颈侧近黑色三角形斑块可见，但较非繁殖期明显缩小。非繁殖期全身橄榄褐色，眉纹短小，上体深灰色，下体底白色；胸及两胁纵纹浓密，颈侧具近黑色的斑块；初级飞羽、次级飞羽羽缘白色。虹膜褐色，嘴角质色，下嘴偏粉色，脚暗黄色。

生活习性：冬季喜于溪流附近湿润多草地区及稻田活动。主食果实和种子，也吃昆虫。

水鹨 (liù)

Anthus spinoletta

雀形目 鹡鸰科

形态特征： 体长约 15cm。繁殖期喉部至胸部及眉纹沾葡萄红色，下体白色，两胁部分有少量黑色点斑和条纹。非繁殖期头灰色，白色眉纹甚短；上体浅灰色而具有不清晰的纵纹；下体白色，仅有少量黑色细纹；外侧尾羽白色，后爪甚长而直。虹膜褐色，嘴偏粉色，脚黑色或深褐色。

生活习性： 主要栖息于山地、林缘、灌丛、草原和河谷地带。主食昆虫，也吃蜘蛛、蜗牛等小型无脊椎动物和苔藓、植物种子等植物性食物。

山鹨 (liù)

Anthus sylvanus

雀形目 鹡鸰科

形态特征：体长约 17cm。眉纹白色，嘴较短而粗，后爪较短；上体褐色较浓，下体纵纹范围较大；尾羽窄而尖，小翼羽浅黄色。虹膜褐色，嘴偏粉色，脚偏粉色。

生活习性：主要栖息于海拔 1000—3000 米的灌丛、草坡地带。单独或成对活动。以昆虫为主食。

燕雀

Fringilla montifringilla

雀形目 燕雀科

形态特征：体长约 16cm。胸棕色，腰白色，成年雄鸟头及颈背黑色，背近黑色；腹部白色，两翼及叉形的尾黑色，有醒目的白色“肩”斑和棕色的翼斑，初级飞羽基部具白色点斑。非繁殖期的雄鸟头部图纹明显为褐、灰及近黑色。虹膜褐色，嘴黄色，嘴尖黑色，脚粉褐色。

生活习性：喜跳跃和波状飞行，成对或小群活动，于地面或树上取食。主食种子，也吃昆虫。

锡嘴雀

Coccothraustes coccothraustes

雀形目 燕雀科

形态特征：体长约 17cm。嘴特大而尾较短，具粗显的白色宽肩斑。成鸟具狭窄的黑色眼罩；两翼闪辉蓝黑色，雌鸟灰色较重，初级飞羽上端弯而尖；尾暖褐色而略凹，尾端白色狭窄，外侧尾羽具黑色次端斑；两翼的黑白色图纹上下两面均清楚。幼鸟似成鸟但色较深且下体具深色的小点斑及纵纹。虹膜褐色，嘴角质色至近黑色，脚粉褐色。

生活习性：成对或结小群栖息于林地、花园及果园。通常惧生而安静。主食果实和种子，也吃昆虫。

黑尾蜡嘴雀

Eophona migratoria

雀形目 燕雀科

形态特征：体长约 17cm。黄色的嘴硕大而端黑色。繁殖期雄鸟外形极似有黑色头罩的大型灰雀，体灰色，两翼近黑色；初级飞羽、三级飞羽及初级覆羽羽端白色，臀黄褐色。雌鸟似雄鸟但头部黑色少。幼鸟似雌鸟但褐色较重。虹膜褐色，嘴深黄而端黑色，脚粉褐色。

生活习性：栖息于林地及果园，从不见于密林。主食果实和种子，也吃昆虫。

黑头蜡嘴雀

Eophona personata

雀形目 燕雀科

形态特征： 体长约20cm。黄色的嘴硕大，似雄性黑尾蜡嘴雀但嘴更大且全黄色，臀近灰色。幼鸟褐色较重，头部黑色减少至狭窄的眼罩，具两道皮黄色翼斑。虹膜深褐色，嘴黄色，脚粉褐色。

生活习性： 栖息于平原和丘陵的溪边灌丛、草丛和次生林。以植物种子、果实和嫩芽为食。通常结小群活动。甚惧生而安静。

褐灰雀

Pyrrhula nipalensis

雀形目 燕雀科

形态特征：体长约 16.5cm。尾长而凹，嘴强有力，尾及两翼闪辉深绿紫色，翼上具浅色块斑，腰白色。雄鸟额具杂乱的鳞状斑纹及狭窄的黑色脸罩。雌鸟全身皮黄灰色。雄雌两性眼下均具白色的小块斑。虹膜褐色，嘴绿灰色，嘴端黑色，脚粉褐色。

生活习性：栖息于阔叶林、针阔混交林。常单独或成对活动，非繁殖期多成小群。性大胆，不甚怕人。主要以树木、灌木的果实和种子为食。

普通朱雀

Carpodacus erythrinus

雀形目 燕雀科

形态特征：体长约 15cm。上体灰褐色，脸颊及耳羽色深，腹白色。繁殖期雄鸟头、胸、腰及翼斑多具鲜亮红色，雌鸟无粉红色，上体清灰褐色，下体近白色。幼鸟似雌鸟但褐色较重且有纵纹。虹膜深褐色，嘴灰色，脚近黑色。

生活习性：栖息于亚高山森林，但多在林间空地、灌丛及溪流旁活动。单独、成对或结小群活动，飞行呈波状。主食果实和种子，也吃昆虫。

金翅雀

Chloris sinica

雀形目 燕雀科

形态特征：体长约13cm。具宽阔的黄色翼斑，成体雄鸟顶冠及颈背灰色，背纯褐色，翼斑、外侧尾羽基部及臀黄色。雌鸟色暗，幼鸟色淡且多纵纹。头无深色图纹，体羽褐色较暖，尾呈叉形。虹膜深褐色，嘴偏粉色，脚粉褐色。

生活习性：栖息于灌丛、旷野和果园。主食植物果实、种子等。

黄雀

Spinus spinus

雀形目 燕雀科

形态特征： 体长约 11.5cm。特征为嘴短，嘴形尖直，翼上具醒目的黑色及黄色条纹。成体雄鸟的顶冠及颏黑色，头侧、腰及尾基部亮黄色，雌鸟色暗而多纵纹，顶冠和颏无黑色。幼鸟似雌鸟但褐色较重，翼斑多橘黄色。虹膜深褐色，嘴偏粉色，脚近黑色。

生活习性： 生活于山林、丘陵和平原。除繁殖期成对生活外，常集结成几十只的群，以植物的果实和种子为食。

凤头鹀（wú）

Melophus lathami

雀形目 鹀科

形态特征： 体长约17cm。具特征性的细长羽冠。雄鸟辉黑色，两翼及尾栗色，尾端黑色。雌鸟深橄榄褐色，上背及胸满布纵纹，较雄鸟的羽冠为短，翼羽色深且羽缘栗色。虹膜深褐色，嘴灰褐色，下嘴基粉红色，脚紫褐色。

生活习性： 栖息于中国南方丘陵开阔地区。活动、取食多在地面，活泼易见。冬季于稻田取食。主食种子。

蓝鹀(wú)

Emberiza siemsseni

雀形目 鹀科

形态特征：体长约 13cm。雄鸟体羽大致蓝灰色，仅腹部、臀部及尾外缘色白，三级飞羽近黑色。雌鸟暗褐色而无纵纹，具两道锈色翼斑，腰灰色，头及胸棕色。虹膜深褐色，嘴黑色，脚偏粉色。

生活习性：栖息于次生林及灌丛。主食种子。

保护级别：国家二级保护野生动物。

三道眉草鹀(wú)

Emberiza cioides

雀形目 鹀科

形态特征：体长约 16cm。具醒目的黑白色头部图纹和栗色的胸带，眉纹、上髭纹、颏、喉白色。繁殖期雄鸟脸部有别致的褐色及黑白色图纹，胸栗色，腰棕色。雌鸟色较淡，眉线及下颊纹皮黄色，胸浓皮黄色。喉与胸对比强烈，耳羽褐色而非灰色。幼鸟色淡且多细纵纹，中央尾羽的棕色羽缘较宽，外侧尾羽羽缘白色。虹膜深褐色，嘴双色，上嘴色深，下嘴蓝灰色而嘴端色深，脚粉褐色。

生活习性：栖居高山丘陵的开阔灌丛及林缘地带，冬季下至海拔较低的平原地区。主食种子和昆虫。

白眉鹀(wú)

Emberiza tristrami

雀形目 鹀科

形态特征： 体长约 15cm。头具显著条纹，成年雄鸟头部有黑白色图纹，喉黑色，腰棕色而无纵纹。雌鸟及非繁殖期雄鸟色暗，头部对比较少，但图纹似繁殖期的雄鸟，仅颏色浅。尾色较淡，黄褐色较多，胸及两胁纵纹较少且喉色较深。虹膜深栗褐色，上嘴蓝灰色，下嘴偏粉色，脚浅褐色。

生活习性： 多栖息于山坡林下的浓密棘丛。常结成小群。主食昆虫。

栗耳鹀

Emberiza fucata

雀形目 鹀科

形态特征：体长约 16cm。繁殖期雄鸟的栗色耳羽与灰色的顶冠及颈侧成对比；颈部图纹独特，为黑色下颊纹下延至胸部与黑色纵纹形成的项纹相接，并与喉及其余部位的白色及棕色胸带上的白色成对比。雌鸟与非繁殖期雄鸟相似，但色彩较淡，耳羽及腰多棕色，尾侧多白色。虹膜深褐色，上嘴黑色具灰色边缘，下嘴蓝灰色且基部粉红色，脚粉红色。

生活习性：喜栖息于低山区、半山区的河谷沿岸草甸，森林迹地形成的湿草甸或草甸夹杂稀疏的灌丛。冬季成群。主食种子、嫩苗和昆虫。

小鹀(wú)

Emberiza pusilla

雀形目 鹀科

形态特征：体长约13cm。头具条纹，繁殖期成鸟体小而头具黑色和栗色条纹，眼圈色浅。冬季雌雄两性耳羽及顶冠纹暗栗色，颊纹及耳羽边缘灰黑色，眉纹及第二道下颊纹暗皮黄褐色。上体褐色而带深色纵纹，下体偏白色，胸及两胁有黑色纵纹。虹膜深红褐色，嘴灰色，脚红褐色。

生活习性：栖息于浓密植被下和芦苇地。常与鹨类混群。主食昆虫和种子。

黄眉鹀

wú

Emberiza chrysophrys

雀形目 鹀科

形态特征：体长约 15cm。似白眉鹀，但眉纹前半部黄色，下体更白而多纵纹，翼斑也更白，腰更显斑驳且尾色较重。黄眉鹀黑色下颊纹比白眉鹀明显，并分散融入胸部纵纹中。腰棕色，头部多条纹且反差明显。虹膜深褐色，嘴粉色，嘴峰及下嘴端灰色，脚粉红色。

生活习性：通常栖息于林缘的次生灌丛。常与其他鹀混群。主食种子。

田鹀

Emberiza rustica

雀形目 鹀科

形态特征：体长约 14.5cm。腹部白色，成年雄鸟头具黑白色条纹，颈背、胸带、两胁纵纹及腰棕色，略具羽冠。雌鸟及非繁殖期雄鸟相似，但白色部位色暗，染皮黄色的脸颊后方通常具近白色点斑。幼鸟纵纹密布。虹膜深栗褐色，嘴深灰色，基部粉灰色，脚偏粉色。

生活习性：栖息于泰加林、石楠丛及沼泽地带，越冬于开阔地带、人工林地及公园。主食种子。

黄喉鹀

wú

Emberiza elegans

雀形目 鹀科

形态特征：体长约 15cm。腹白色，头部图纹为清楚的黑色和黄色，具短羽冠。雌鸟似雄鸟，但色暗，褐色取代黑色，皮黄色取代黄色。与田鹀的区别在脸颊褐色而无黑色边缘，且脸颊后无浅色块斑。虹膜深栗褐色，嘴近黑色，脚浅灰褐色。

生活习性：栖息于丘陵干燥落叶林及混交林。越冬在多荫林地、森林及次生灌丛。主食种子和昆虫。

黄胸鹀

wú

Emberiza aureola

雀形目 鹀科

形态特征：体长约 15cm。繁殖期雄鸟顶冠及颈背栗色，脸及喉黑色，黄色的领环与黄色的胸腹部间隔有栗色胸带，翼角有显著的白色横纹。非繁殖期的雄鸟色彩淡，颏及喉黄色，仅耳羽黑色而具杂斑。雌鸟及亚成鸟顶纹浅沙色，两侧有深色的侧冠纹，几乎无下颊纹，形长的眉纹浅淡皮黄色。具特征性白色肩纹或斑块，以及狭窄的白色翼斑。虹膜深栗褐色，上嘴灰色，下嘴粉褐色，脚淡褐色。

生活习性：栖息于大面积的稻田、芦苇地或高草丛及湿润的荆棘丛。冬季常与其他种类混群。主食种子。

保护级别：国家一级保护野生动物。

栗鹀

wú

Emberiza rutila

雀形目 鹀科

形态特征：体长约 15cm。繁殖期雄鸟头、上体及胸栗色而腹部黄色。非繁殖期色较暗，头及胸散洒黄色。雌鸟顶冠、上背、胸及两胁具深色纵纹。腰棕色，无白色翼斑或尾部白色边缘。幼鸟纵纹更为浓密。虹膜深栗褐色，嘴偏褐色或角质蓝色，脚淡褐色。

生活习性：喜开阔有低矮灌丛的针叶林、混交林及落叶林。冬季常于林边及农耕区活动。主食种子，也吃昆虫。

黑头鹀

wú

Emberiza melanocephala

雀形目 鹀科

形态特征：体长约 17cm。繁殖期雄鸟头黑色，但冬季色较暗，背近褐色而带黑色纵纹，腰有时沾棕色。雌鸟及亚成鸟皮黄褐色，上体具深色纵纹。雌雄两性均具两道近白的翼斑，下体及臀黄色而无纵纹。雌鸟色彩单一，尾下覆羽黄色且尾无白色。与褐头鹀区别在嘴较大但不尖。虹膜深褐色，嘴灰色，脚浅褐色。

生活习性：栖息于有稀疏矮树的旷野。主食种子和果实。

硫黄鹀 (wú)

Emberiza sulphurata

雀形目 鹀科

形态特征：体长约14cm。头偏绿色，眼先及颏近黑色，白色眼圈显著，两肋有模糊的黑色纵纹。繁殖期雄鸟与雄灰头鹀的区别为头色较浅，喉与胸之间无对比。雌鸟及非繁殖期雄鸟与灰头鹀区别在硫黄鹀无眉线，胸部较少纵纹，下颊纹不显著且嘴为单色。腰色暗，外侧尾羽白色。虹膜深褐色，嘴灰色，脚粉褐色。

生活习性：喜山麓的落叶林、混交林及次生植被。主食种子，也吃昆虫。

灰头鹀

wú

Emberiza spodocephala

雀形目 鹀科

形态特征：体长约 14cm。繁殖期雄鸟的头、颈背及喉灰色，眼先及颏黑色；上体余部浓栗色而具明显的黑色纵纹；下体浅黄色或近白色；肩部具一白斑，尾色深而带白色边缘。雌鸟及冬季雄鸟头橄榄色，过眼纹及耳覆羽下的月牙形斑纹黄色。冬季雄鸟与硫黄鹀的区别在其无黑色眼先。虹膜深栗褐色，上嘴近黑并具浅色边缘，下嘴偏粉色且嘴端深色，脚粉褐色。

生活习性：越冬于芦苇地、灌丛及林缘。常不断地弹尾，显露外侧尾羽白色羽缘。主食昆虫、果实和种子。

苇鹀

wú

Emberiza pallasi

雀形目 鹀科

形态特征：体长约 14cm。头黑色，繁殖期雄鸟白色的下髭纹与黑色的头及喉成对比，颈圈白色而下体灰色，上体具灰色及黑色的横斑。上体几乎无褐色或棕色，小覆羽蓝灰色和白色，翼斑明显。雌鸟与非繁殖期雄鸟及各阶段体羽的幼鸟均为浅沙皮黄色，且头顶、上背、胸及两胁具深色纵纹。上嘴形直，尾较长。虹膜深栗色，嘴灰黑色，脚粉褐色。

生活习性：栖息于平原沼泽和沿溪柳丛及芦苇、稀疏小树。繁殖期成对或单独活动，其他季节多成 3—5 只的小群。食物主要为芦苇种子、杂草种子、昆虫、虫卵及谷物。

红颈苇鹀

Emberiza yessoensis

雀形目 鹀科

形态特征：体长约 15cm。繁殖期雄鸟头黑色，腰及颈背棕色。繁殖期雌鸟似雄鸟，下体较少纵纹且色淡，颈背粉棕色，头顶及耳羽色较深。非繁殖期雄鸟似雌鸟，但喉色深。虹膜栗色，嘴近黑色，脚偏粉色。

生活习性：栖息于芦苇地有矮丛的沼泽地及高地的湿润草甸。越冬在沿海沼泽地带。主食种子、昆虫和淡水螺。

芦鹀

wú

Emberiza schoeniclus

雀形目 鹀科

形态特征：体长约 15cm。具显著的白色下髭纹，繁殖期雄鸟似苇鹀，但上体多棕色。雌鸟与非繁殖期雄鸟头部的黑色多褪去，头顶与耳羽具杂斑，眉线皮黄色。小覆羽棕色，上嘴圆凸形。虹膜栗褐色，嘴黑色，脚深褐色至粉褐色。

生活习性：栖息于芦苇地，冬季也在林地、田野及开阔原野取食。主食种子和昆虫。

中文名索引

拉丁学名索引

参考文献

傅桐生, 宋榆钧, 高玮, 等 . 1998. 中国动物志 鸟纲 第十四卷 雀形目 (文鸟科, 雀科)[M]. 北京 : 科学出版社 .

高玮 . 2002. 中国隼形目鸟类生态学 [M]. 北京 : 科学出版社 .

李桂垣, 郑宝赉, 刘光佐 . 1982. 中国动物志 鸟纲 第十三卷 雀形目 (山雀科 绣眼鸟科)[M]. 北京 : 科学出版社 .

刘伯锋 . 2003. 福建沿海湿地鸻鹬类资源调查 [J]. 动物学杂志 , 38(6) : 72-75.

刘伯锋 .2005. 中国鸟类一新记录种——黑背信天翁 [J]. 动物分类学报 ,30(4):859-860.

刘阳, 危骞, 董路, 等 . 2013. 近年来中国鸟类野外新纪录的解析 [J]. 动物学杂志 , 48(5): 750-758.

鲁长虎, 费荣梅 . 2003. 鸟类分类与识别 [M]. 哈尔滨 : 东北林业大学出版社 .

谭耀匡,关贯勋 . 2003. 中国动物志 鸟纲 第七卷 夜鹰目 雨燕目 咬鹃目 佛法僧目 鴷形目 [M]. 北京 : 科学出版社 .

唐兆和, 陈友铃 . 1996. 福建省鸟类区系研究 [J]. 福建师范大学学报: 自然科学版 , 12(2): 11.

王岐山 . 马鸣 . 高育仁 . 2006. 中国动物志 鸟纲 第五卷 鹤形目 鸻形目 鸥形目 [M]. 北京 : 科学出版社 .

杨洋 . 2018. 福建师范大学馆藏鸟类标本信息及福建省珍稀鸟类分布格局 [D]. 福州: 福建师范大学 .

尹琏, 费嘉伦, 林超英 . 2008. 香港及华南鸟类 [M]. 香港: 政府新闻处 .

约翰 马敬能, 卡伦 菲利普斯, 何芬奇 . 2000. 中国野生鸟类手册 [M]. 长沙 : 湖南教育出版社 .

赵正阶 . 2001. 中国鸟类志——非雀形目 [M]. 长春: 吉林科学技术出版社 .

赵正阶 . 2001. 中国鸟类志——雀形目 [M]. 长春: 吉林科学技术出版社 .

郑宝赉 . 1985. 中国动物志 鸟纲 第八卷 雀形目 (阔嘴鸟科 和平鸟科)[M]. 北京 : 科学出版社 .

郑光美 . 2017. 中国鸟类分类与分布名录 .3 版 [M]. 北京 : 科学出版社 .

郑作新, 龙泽虞, 郑宝赉 . 1987. 中国动物志 鸟纲 第十一卷 雀形目 鹟科 : II 画眉亚科 [M]. 北京 : 科学出版社 .

郑作新, 寿振黄, 傅桐生, 等 . 1987. 中国动物图谱 鸟类 [M]. 北京 : 科学出版社 .

郑作新, 冼耀华, 关贯勋 . 1991. 中国动物志 鸟纲 第六卷 鸽形目 鹦形目 鹃形目 鸮形目 [M]. 北京 : 科学出版社 .

郑作新, 等 . 1978. 中国动物志 鸟纲 第四卷 鸡形目 [M]. 北京 : 科学出版社 .

郑作新, 等 . 1979. 中国动物志 鸟纲 第二卷 雁形目 [M]. 北京 : 科学出版社 .

郑作新,等 . 1997. 中国动物志 鸟纲 第一卷 第一部 中国鸟纲绪论 第二部 潜鸟目 鹳形目 [M]. 北京 : 科学出版社 .

周冬良 , 余希 , 郑丁团 . 2006. 福建鸟类新纪录——白腹军舰鸟 [J]. 野生动物 ,27(5):22-22.

周冬良 . 2020. 福建省鸟类种数的最新统计 [J]. 福建林业科技 , 47(4): 6.